当你丧失表达欲的时候
希望有人能温柔地接住你的疲惫与不堪

成年人的世界，懂比爱更重要

王辉◎著

完美关系

愿你被这个世界温柔以待

新华出版社

图书在版编目（CIP）数据

完美关系：愿你被这个世界温柔以待 / 王辉著 . -- 北京：新华出版社，2023.6
ISBN 978-7-5166-6821-4

Ⅰ . ①完… Ⅱ . ①王… Ⅲ . ①情感—通俗读物 Ⅳ . ① B842.6-49

中国国家版本馆 CIP 数据核字 (2023) 第 085884 号

完美关系：愿你被这个世界温柔以待

著　　者：王　辉	
责任编辑：丁　勇	封面设计：李尘工作室
出版发行：新华出版社	
地　　址：北京石景山区京原路 8 号	邮　　编：100040
网　　址：http://www.xinhuapub.com	
经　　销：新华书店、新华出版社天猫旗舰店、京东旗舰店及各大网店	
购书热线：010-63077122	中国新闻书店购书热线：010-63072012
照　　排：博文设计制作室	
印　　刷：永清县晔盛亚胶印有限公司	
成品尺寸：145 mm×210mm	开　　本：32 开
印　　张：7	字　　数：150 千字
版　　次：2023 年 8 月第一版	印　　次：2023 年 8 月第一次印刷
书　　号：ISBN 978-7-5166-6821-4	
定　　价：45.00 元	

版权专有，侵权必究。如有质量问题，请联系调换：13683640646

序言

爱那么短，遗忘那么长

有人说，爱上一个人只需要一秒，可是忘记一个人却需要一辈子。爱上一个人仿佛是一件很简单的事情，一个转身，你就会爱上一个人，可是忘记却很难。爱上一个人的时候，你会把他的所有事情都记得很清楚，包括他的爱好和小毛病，慢慢地习惯了他所有的一切。可是有一天，你忽然发现自己心爱的东西丢了，那又是怎样的一种心情？

小时候丢弃了一个喜欢的洋娃娃，你会难过一阵子；可是当你长大了，丢失了一个重要的人，你会发现自己的心里空荡荡的，怎么补都补不回来。

当发现一直陪伴在你身边的人突然走掉的时候，你会难过，会伤心，但是，一切都没有办法挽回。有的人一旦走了，就永远不会回来。不论你如何歇斯底里地大闹，还是蜷缩在角落里暗自神伤。

忘记一个人真的很难，因为你需要忘记的是一份爱他的心。如果你没有办法割舍对他的爱和对他的所有回忆，那么你是无法忘记他的所有的。

爱上的时候真的很容易，因为爱是一份孤注一掷的心意。

当你爱上一个人的时候就是这么傻，傻到不知道如何去控制住自己喜欢对方的心情，就算是不说话也透露着一份浓浓的感情。可是，想忘记的时候，却发现原来这么难。因为你们的所有过往都是那么的清晰，让你在每一个深夜独自回忆，越回忆越深刻，越回忆越无法忘记。

这就是为什么当两个人分手之后，深爱的那一方总是无法忘记对方的原因。因为爱得刻骨铭心，所以无法去把自己内心的东西给掩埋掉。你会发现你们在一起的回忆仿佛历历在目，因为你们去过的地方依然在那里，你们经历过的风景依然在那里，景色依旧，可是人却不再一样了。而通常人都是比较伤感的生物，有一个词叫作触景生情，当两个人分开的时候，总有一个人会触景生情，这样就会让你们的回忆更深刻，也就更难以忘怀。

不要去怀念，因为怀念会让你再次想念，想念的味道有多酸涩，只有经历过的人才懂得。慢慢地，你会发现你以为的所有的甜蜜都会变成你最不能忘怀的痛苦。

不要以为回忆伤人，忘不掉的人最伤人。我们都已经长大了，要学会好好地爱自己，好好地疼自己，在每一个痛苦的瞬间学会释怀。

没有人失去了谁是活不下去的，因为每个人都有自己存在的意义，有些时候不是你忘不掉，而是你不想忘记，你要相信时间永远是最有效的药。

幸福有时候真的很吝啬，有时我们还没有做好准备，它便抽身离去。硬生生地把痛苦、惆怅、无奈塞给你。

爱上，也许只要一个瞬间；忘记，却需要耗费一生的时光。总以为时间可以抚平所有的伤痕，可是，那些根深蒂固的情愫不是时间的潮水能够冲淡的。在岁月的长河中，来过，也许只有一下子，却会令人怀念一辈子。

第一章　有一种情感叫孤独

孤独，是一个人的淡漠 003
一个人的生活，一个人的城市 006
那些孤独的人 010
我们都"嫁"给了工作 012
不愿有人陪我颠沛流离 014
感谢你参与我的青春 018
生活是自己的，不必活给别人看 021
一直陪着你的是那个了不起的自己 023
最远的路是通往自己内心的路 026

第二章 我不说，你不懂，这就是距离

暗恋是种什么滋味 035
有个地方只有我们知道 038
别让思念变成了伤怀 041
有时，两个人也寂寞 045
真实的亲密关系 050
你是如何爱我的，让我如实告诉你 053
我爱你，但和你无关 057
和谐关系来自简单而随意 059
爱情如戏，你必须遵循规则 062

第三章 因为痛，所以叫青春

爱情没有永久保证书 067
每个爱情故事，都让人刻骨铭心 069
因为痛，所以叫青春 071

目 录

让成长带你穿透迷茫 …………………… 074
爱上一个人还是爱上爱情？ …………… 078
再深厚的爱，也禁不起碎碎念 ………… 082
赢在起点，摔在半道上 ………………… 084
有选择必然有伤害 ……………………… 086
完美是奢望，缺憾才是人生 …………… 089

第四章 释放自己，加固爱的围墙

爱情忐忑，婚姻纠结 …………………… 095
缘分这东西，谁都不能预料 …………… 096
所有的不期而遇都在路上 ……………… 098
分离，其实没那么糟 …………………… 101
因为你，我忘记爱自己 ………………… 103
花开有时，花落亦有时 ………………… 105
耐心是治愈的良药 ……………………… 107
用痛苦来接近幸福 ……………………… 109
真正的感情是不勉强自己 ……………… 112

第五章　学会爱，懂得爱

"坏女人"的全新定义 117
缘分，绝对不是命中注定 120
傻等幸福来敲门，还是算了吧 123
搞定谁都不如搞定自己 126
上帝创造我们，我们创造自己 128
爱就要爱得漂亮 130
不漂亮，爱情也可以很浪漫 133
走进对方内心的方法 136
幸福就是我们在一起 139

第六章　幸福就是和寂寞说再见

幸福，并非遥不可及 145
相见不如怀念 147
人生是花，而爱是花蜜 149

目 录

生活可以平凡，但爱情不能枯燥 152
爱情总藏在温柔的心里 156
幸福没有一百分 158
过多期待无助于幸福 161
守望一份三观一致的爱情 163
执子之手，与子偕老 165

第七章　婚姻中的契约精神

谁才是那个靠谱的好男人？ 171
一句"我养你"毁了多少人 173
不即不离，若即若离 176
爱意味着权利，婚姻意味着责任 179
婚姻不是"非对即错" 183
性格不同，如何地久天长 186
最好的爱情是共同成长 189
金钱和爱情的关系 192

第八章 爱，是一场灵魂的相遇

怎样才算成功？..................199
婚姻中的正能量..................201
婚姻不是感情的战场..................204
爱情，是灵魂的相互吸引..................206
人的将来，就是现在..................208
窗外依然有蓝天..................210
未来我们说好慢慢爱..................212

第一章
有一种情感叫孤独

有故事的人,都习惯在深夜里一个人舔舐伤口,独自疗伤,然后等到天亮,把自己包裹得严严实实,继续生活。而多年后再提起,这故事,或许会另有一番滋味。

第一章　有一种情感叫孤独

孤独，是一个人的淡漠

其实，就算一个人了也没关系，就算失去了每天固定的信息与问候也没关系。

独自一个人，没有什么不好。独自一个人，可以自由自在，无人干扰，无须对别人承担责任，独自面对人生的潮起潮落也无须看别人脸色。

孤独也是一种处世哲学，用得好时，就是一种艺术。使孤独变得不好的，往往是因为害怕孤独。

因为拍摄电影《围城》，演员陈道明先生与作家钱锺书先生相识相知，结为忘年之交。两人交往中给陈道明印象最深的，就是钱先生性情中的那份恬淡。

陈道明曾感慨道："这些恬淡是源于孤独，钱先生从容接纳岁月的态度。"陈道明非常羡慕钱先生家里弥漫的那种气息，那种弥漫在空气中的书香味，让人感到安静，是一种别样的孤独。

"让心静下来。"这是陈道明从钱先生那里得到的最好的感悟。随着阅历的增加，他才发现，让自己静下来其实就是接纳孤独，享受孤独，之后低调和沉默便衍生成一种内涵，越低调，反而推崇和敬仰他的人越多。

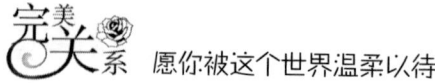 愿你被这个世界温柔以待

网络时代，人们更多关注的是有话题的新闻，在这样的环境下，流传着很多关于他的文章，字里字外都透露出一种对孤独的敬畏。

陈道明先生总结说：做人的最高意境是做到节制，而不是释放，我觉得节制是人生最大的享受。释放很容易，物质的释放、精神的释放都很容易做到，但要做到节制却很难。

懂得孤独，就是自我的节制，就是学会和自己相处。按照自己的意愿来生活，有时也是一种莫大的幸福。

一个人并不代表孤独，反而是难得的清静，可以做任何想要做的事情。当回到一个人的状态，我们可以专注地看书、看电影、上网、写字，让自己在这段时间逃离开，永远做个理智到可怕的人，这样并没有不好。

孤独是一种状态，很多人很畏惧"孤独"这个词，是因为它像一个贬义词。恰恰相反，其实孤独有时也是一个褒义词，因为孤独也是一种境界。

著名演员姜文说自己是孤独的，荷兰画家梵高在孤独中度过了一生，唐代大诗人李白也用"古来圣贤皆寂寞"诠释了自己深深的孤独，就连武侠小说里的武林高手们，在无敌于天下之后，都会离群索居、隐居山林、闭关修行，在孤独中蜕变、重生，重生后成为江湖中万人敬仰的一代宗师。

很多才华横溢、有所作为的人，都是孤独的，在孤独中积蓄能量，让生命得到更美好的绽放。

当一个人真正面对自己、开始静下心来思考时，他自己也就日臻成熟。在孤独中，将自己的心沉淀下来，正视自己，达到镇

定自若，将世事看清看淡。人生中孤独的洗礼无异于一次漫长的修行，悟透人生之后就会发现，人生也不过是一场说服自己、看见自己、给自己幸福的过程。经过这样的一个过程，孤独对人的成长来说未必是件坏事。

孤独就像一个道场，每个人一生中都需要几次这样的修行，安度时光，抚慰灵魂。

从心理学角度来讲，孤独的生活状态与真正的孤独感不同，真正的孤独感是负面的情绪，它会逐渐腐蚀你的内心，让人产生与世界疏离的边缘感。而孤独的状态，则是一种独来独往的生活状态，一种敢于遵从内心的人生态度。所以，从心理学角度看，孤独就是一种难得的人生境界。

生活里的孤独，并不是因为不合群，也不是因为对生活感到茫然，只是选择了另一种生活方式。人经历的事情太多，就会将有些事看得很透，在自我的世界里，会静静思考，让心境得到升华，它能够让我们更清楚地看到自己、理解自己。

一位哲学家说："越伟大，越有创新精神的人，他们越喜欢孤独。"在孤独的境界里，少了外面世界的打扰，当你真正愿意享受孤独与寂寞，你就会在心中发现一种无以言表的快乐。在这种独处的时光中，总会有一些故事铭刻在心底，带着记忆的碎片，伴随着浓郁的感情，成为难以忘怀的美好，而让你我更加珍惜。

一个人坐公交，一个人出门游玩，一个人悠闲走路，一个人痛快吃饭……太多的事情都需要一个人去完成，总是有太多孤独的路要走。

一个人的时候，可以做太多的事情，可以静静地看书，静静

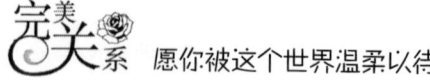

地思考;走路时,可以快可以慢,耳边再没有"你要这样、你要那样的"声音,少了份喧嚣,多了份宁静。

从少年长大成为青年是成长,从青年到中年也是成长。在成长的道路上,不可能没有孤独。没有了孤独,也就失去了独自思考的时间;没有了孤独,便失去了蜕变的机会。

一个人的时候,慢慢静下来,让自己的心缓缓沉寂,回忆往事,追思点滴,可以哭一场,也可以笑一场。然后,把过去的包袱通通甩掉,继续轻装上路。

或许,这就是孤独的好处。在孤独的时候,可以适当调整心情,调整一下自己的生活方式,问问自己:究竟想要什么样的生活?自己在干什么?现在做的事与以后想要的生活是否成正比?让自己独自思考清楚,为下一次的进发打好基础。

其实,独自寂寞,独自美丽,独自聆听,也不失是一份简单与纯粹,沉静与优雅。

一个人的生活,一个人的城市

每一段的生活都是精彩,没有必要厚此薄彼,也没有必要给自己太多压力。

在当代社会中,生活节奏越来越快,简直到了目不暇接的程度,遥想500年前的中国,人们生活是多么轻松惬意。

当今社会,在外闯世界的漂泊一族数以万计,在来来往往的

第一章　有一种情感叫孤独

人群中，或许有的人已经与爱人牵手而行，但更多的人，还是一个人，望着窗外的万家灯火，独自品尝着一个人的孤独。

孤独是一种孤寂的状态，就像围城一样，只不过这座围城是心城，用心围了一个孤寂的城，城外的人进不来，城里的人出不去。

一个人在外漂泊，最孤独的时刻是什么时候？答案可能千奇百怪。

1.一个人去吃饭，中途去了趟厕所，回来的时候发现饭菜已经被保洁阿姨收走了。

2.麦旋风和甜筒第二个半价，饮料什么的还可以一个人喝两杯，但冰激凌会化啊！

3.一个人在家买菜做饭，精心地为自己准备了一顿丰盛的晚餐，然后站在镜子前对自己说："你真棒！"

4.翻遍了通信录，翻遍了QQ，翻遍了微信好友，却找不到一个可以去联系的人。

5.打开许久未用的邮箱，提醒有21封未读邮件，结果打开后发现全是新闻。

……

有人说，孤独就是一个人买菜，一个人做饭，一个人吃饭，然后将剩余的大部分饭菜都倒掉。

有人说，孤独就是周末一个人上网，手机一天都不响起。

有人说，孤独就是下雨天，想找一个人去雨中漫步，拿起手机查了一圈，然后放下手机，一个人趴在窗边看雨。

有人说，孤独就是晚上跑步，必须背包，包里钥匙、手机等物件一个都不能落下。

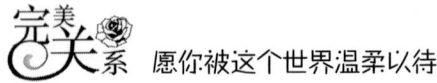

有人说，孤独就是自己时刻都是为了家人着想，却感受不到来自家庭的点滴温暖。

有人说，孤独就是和另一半分手那一刻，心如刀绞……

而对于独自在都市闯荡的琳，最孤独的一次，莫过于生病的时候自己一个人去医院。

那次，琳忽然感到不舒服，眼前发黑，腹痛如绞，差一点晕倒在卫生间。

稍微清醒一点之后，琳一个人打车去医院，一个人挂号，一个人缴费，一个人抽血，一个人看大夫，一个人拿药，一个人回家。

然后，一个人出去买粥、一个人吃药、一个人休息。

第二天，一个人和往常一样上班。

这次经历，让琳明白并习惯：其实很多时候，我们都是一个人，并且只有一个人。

一个人的未来，没有更多的期待。

因为一个人赶路，只能向前，别无选择。

L是一个大学毕业不久的女孩，毕业后就得到了自己心慕已久的新闻采编的工作岗位。然而，现实的生活并没有像丰富多彩，能及时地知晓世界千变万化的采编工作那样变得更有意思。所以，L最怕的就是下班后的一个人独自回出租屋，独自做饭、吃饭。为了排解孤独，L总是喜欢在晚上下了公交车往出租屋走的时候给别人打电话。

第一章　有一种情感叫孤独

有一次，L又在路上给朋友打电话，事情本来两分钟就谈完了，正在对方准备挂电话的时候，L讪讪地说："再陪我聊会儿天呗。"

朋友不好意思拒绝，于是开始东拉西扯，从个人工作到休闲活动，从娱乐八卦到社会新闻，扒拉扒拉一大堆，终于，在她说"我到家了"之后，才挂电话。

对这个女孩来说，回家路上这十几分钟的孤独是特别难以忍受的。因此，她也就习惯了在那个时候找人聊天。

孤独无处不在，需要慢慢品尝，每个人都会有每个人的孤独。

前些天，北漂的美怡收到了一条大学好友的微信，好友告诉了她自己要结婚的消息，问美怡要不要来，她刚要回复，恰巧被一个电话打断了，再加上工作上的事很多，转头就忘了这件事。

等美怡再想起来，已经是第二天的晚上了，她正准备回复，却看到对方已经回复了，她说："没时间不想来，也没关系的。"

那一刻，美怡有一种深深的无力感。其实，她本来想回的是："你的婚礼，我打飞的也必须来啊！"

美怡曾经以为，只要有亲人、朋友，就不会孤独。可是，渐渐地，她发现，亲人和朋友也都有属于自己的生活和空间，是不可能随叫随到的，而我们自己，也是不可能在朋友需要的时候招之即来的。

完美关系 愿你被这个世界温柔以待

每个人独立地拥有时间，也许那时很笨、很穷，做任何事都需要花费比别人更多的时间，但境况往往也仅此而已，你所要做的，就是享受这些过程。

那些孤独的人

什么是孤独？孤独大概就是深夜醒来，发现周围空无一人，只有外面微弱的昏暗灯光在闪烁；噩梦惊醒后，你都不敢去尝试拿起手机联系谁，因为你自己压根就不知道有谁可以去联系。

有故事的人，都习惯在深夜一个人去舔舐伤口，独自疗伤，然后等到天亮，戴上伪装的面具，把自己包裹得严严实实，继续在别人面前谈笑风生。多年后再提起这些过往，或许另有一番滋味。人经历的事多了，便会渐渐懂得，走过的路，不能回头，很多事，过去了就是过去了，即便悔恨也惘然，纵然会在某个深夜，回忆起来终究是无尽的叹息。

电视剧《都挺好》里面的主人公苏明玉是苏家最小的女儿，但是她却从小不受宠，吃喝都比两个哥哥差一大截，还经常被受宠的二哥拳打脚踢。在苏家这个女强男弱、重男轻女的家庭中，苏明玉被自己的母亲当成了那个多余的人，而她的父亲懦弱自私，从来没有在任何时刻站出来替女儿说一

第一章　有一种情感叫孤独

句公道话。

　　苏母的重男轻女真的很奇葩，当初苏家老宅有四间房，在大哥苏明哲出国的时候，母亲卖掉了一间房，在二哥苏明成找工作的时候，苏母又卖掉了一间房，但是想要考清华的苏明玉却没有得到苏母的支持，她为自己的梦想据理力争，得到的却是和父母的决裂，最后只能去上一所普通的师范学校。

　　从18岁开始，苏明玉就再也没有花过家里一分钱，她通过自己的努力，实现了自己出人头地的梦想。而随后出现的石天冬，就是苏明玉生命中的天使，让她在事业有成的同时，收获了最暖的爱情。

　　每个人的一生都会遭遇很多沟沟坎坎，每一个人也都注定要独自面对世间的喜怒哀乐。经历得越多，就会越发不同，不管是外表，还是内在，都是如此。孤独有时就是一种人生必备的经历，它会让人在经历繁华后沉淀下来，也让我们有时间对自己的过往进行反思，变得更成熟稳重，也更有修养和内涵。

　　孤独从来不是洪水猛兽，有时候它看起来难以忍受，却也是一次认识自我、探索世界的机会。像对待痛苦一样，不要回避它，而是接纳它，它会让人有种"大彻大悟"的世事洞明，你将有机会看到更宏大的世界。

　　你看，那些经历过孤独的人，他们身上已经没有了戾气，只有温暖如歌的生活。即使没有完美的结局，他们也能让寂寞如歌，这份孤独就显得更加美妙，更加温柔。

011

我们都"嫁"给了工作

人类真是伟大,但同时也带来了很多的问题,那就是精神压力日益增加。要做一个现代人,也越来越不容易了。

如今,每一个城市都显露着繁华与喧嚣,每一个人都想努力成为生活水准上的No.1,人人都四处奔走,一切都是那么匆忙。梳理一下现在的生活,就会发现我们现在有99%的时间、人脉关系,甚至私人生活圈都和工作有关系。

从前,人们的生活是生活,工作是工作。而如今的年轻人,有工作似乎成了心理安全线,一旦没了工作,就变得十分没有安全感。现在的每一个年轻人时刻都在问自己:

如果没有了这份工作,我还可以好好生活吗?

我有什么?除了工作自己还有什么兴趣爱好呢?

没有这份工作,我会是谁呢?

在年轻人身上,全部的社会标签都和工作紧密相连。为了生活,为了生存,或许只有不停地赚钱才能给自己带来安全感。

可是,如果一个人将自己的全部时间都用在了工作上,自己还能剩下什么?孤独,一个无处安放的灵魂。

前些天,我在回家途中偶遇一位熟人,聊了聊近况,熟人说:自己刚做了一个手术,是心脏病手术,左心室主干血管堵了3处,直接做了心脏搭桥手术。医生说,如果再晚来30分钟,就是华佗再世也白费。而等手术做完,他没休息几天就又去上班了。

熟人说得风轻云淡,好像这件事是发生在别人身上一样。

我问:"都不好好休息一下,这样身体能行吗?"

熟人说,单位领导已经很照顾我了,给我调换了轻松的工作,我必须努力工作,否则房贷、孩子上学、给父母生活的钱就跟不上了。

生容易,活容易,生活不容易,一份不爱的工作虽然不会使你快乐,但它只是你谋生,维持生存的工具。

网络上曾不止一次出现过类似的新闻。

"工作狂"周某,在某公司任销售经理,平时工作比较忙,应酬出差也非常多,工作日基本上都在加班,连周末也经常为了工作上的事忙碌。终于有一天夜里,周某猝死在酒店的马桶上,年仅32岁。当天深夜1点钟,周某还发过最后一封工作邮件。根据他的同事透露,为了赶进度,周某加班至早晨6点是家常便饭,之后还要继续上班。

在去世前一天,周某还在微博上转发了新闻,讲述了一个程序员小伙子因为经常熬夜加班。在此之前,他还在朋友圈发过一个关于销售人员的段子:一个销售,两片嘴唇,三餐不定,只为四季有单,拼得五脏俱损,六神无主,仍然七点起床……

在周某的朋友圈中,最常晒的就是加班,自己的工作是7×24小时待命,不过周某非常乐观,感到累的时候就会告诉自己:我不能倒下,因为我没有依靠。可最后,他还是累得倒下了。

在高楼大厦中，无数的公司也在不断地扩张、合并、控股，而在一些公司里，很多人也在表达着对自己的工作不满。但当面临被问及是要家庭还是要事业，是要宝宝还是要工作时，他们发现结婚生子这些最平常的事情，在如今却变得步履维艰，难以抉择。因此，有的人一直有换工作的打算，但却一直没有采取行动。

当工作剥夺了我们生活的全部，就产生了一个巨大的心理——孤独。他们一方面为了钱，一方面是为了活得更踏实。只能选择自己不快乐的方式生活，比如一份不喜欢的工作，比如一件不喜欢的衣服，比如不喜欢坐公交车。当这些所作所为与生存挂钩的时候，所有的事情都要往后站，先生存后生活。

究竟是什么改变了我们的观念？究竟是什么绑架了我们的幸福？我只想说，工作虽然能让我们变得更加富足，但我们也要学会生活，有自己的生活，愿我们都能嫁给生活，成为最幸福的人。

不愿有人陪我颠沛流离

关于梦想，青年作家卢思浩曾说：

"总有些时刻你会不再相信了，可在心底你又会有所追寻，可你又还是豁出去去等待去努力。在每一个追寻的过程中，有太

第一章 有一种情感叫孤独

多的不可控,谁都不知道明天是天堂还是地狱,你唯一能做的就是现在努力,跑不过时间就跑过昨天的自己。"

人常说,人应该有梦想,没有梦想,那和咸鱼又有什么区别?为了梦想,那些不想碌碌无为,力图实现梦想的人,奋斗在外,他们选择了远离亲人、朋友,奔赴拼搏的疆场。在不断的升腾跌宕中,他们扩展着生命的宽度。

也许这就是成长,总要有一部分生命会不断地和熟悉的东西告别,和一些人告别,做一些以前不会做的事,总会有一些事不做有些不甘,做了又觉得是在浪费时间。其实,我不想远走他乡,我不想在陌生的城市,我不想每天早晨一睁开眼睛心情就很失落,更不知道你在哪里,心情如何。

那天你送我去车站,由于进站的人太多,你连候车大厅都没有进得去,我们只好在安检门仓促地分别。我本来想再回头与你告别,但门口拥堵着很多旅客和工作人员,我只能隔着安检通道望着,向你挥着手。我们互相听不见对方的声音,只能面对面地打着电话。

一旦走向自己梦想的旅途,没有人知道下一秒会发生什么。但作为一个男人,有些事情是我必须承受的,有些责任是我要承担的。世间万物都是永生的,只不过我们看不见,听不到,不知道。但是,如果你想看见,想听到,并知道,就必须追寻梦想,就必须披星戴月,苦修苦寻,披枷戴锁,颠沛流离。

他叫王宇,一个游戏策划。游戏策划是一份压力很大的工作,如果策划做得不合格,在结构设计上就有问题,就像设计一栋大楼,游戏策划则相当于楼宇设计,一栋楼宇长什

么样,用什么材料,用什么结构,什么颜色,这些设计都由策划设计来决定,是策划设计的事情。如果在策划设计时就出错了,那么这栋楼就将是危楼。

做游戏策划有很大的压力,既要懂美术又要懂设计,更要不断地学习新的知识。而王宇是一个喜欢简单节奏生活的人,他热爱的摄影是他一生的梦想追求。就在某一天,王宇决定辞去现在的游戏策划工作,专门去追求他的摄影艺术。

摄影是一门孤独的艺术,自然之美要通过旅行与跋涉去亲身感受才会有所体会,生活之美要用万般平和的心境和敏锐的眼光去挖掘。要拍摄出一张出色的照片,每一张照片都要让人感受到充满激情的创作欲望。

就在王宇辞职的那一天,和他一直以来关系最亲密的同事小蓉终于按捺不住对王宇许久以来的爱慕之情,就在王宇辞职的当天晚上,她在与王宇最喜欢去的街道尽头的那家餐厅向他表白了。她说,她不能没有他不在身旁的日子,她喜欢看他为工作努力的样子。然而,在她的表白之后,王宇依然喜欢他的摄影追求。他对她说,他一直以来都是拿她当好朋友来看待,并没有希望未来成为相爱的情人。

匆匆吃完饭之后,王宇就离开了餐厅,小蓉最终没有选择挽留他。其实,王宇并非不喜欢小蓉,只是追求摄影的梦想并不是一时的兴起,在很久以前他就已经有了离职的想法。但他也知道,追求摄影梦想的路上会有很多的艰难困阻,不但要风餐露宿,甚至还要过一种颠沛流离的生活,他不想在他未取得成就之前让她跟着自己受苦。

第一章　有一种情感叫孤独

梦想与爱情如同拥有奇妙的魔力，总是容易幻化成不容同存的事实。因为每个人都知道，无论如何，追逐梦想终究会是一条漫长、孤寂的路，如果在追逐梦想的旅途能够彼此鼓励，迷途时互相点醒对方，给予继续向前的勇气，这不能不说是一段天赐良缘。而如果到了梦想的分岔口，总是意见相左，不能齐心协力，这就不免会带来遗憾。所以，王宇在梦想与爱情之间，先选择了放手，他知道这种美好的友情总比未来意见相左时带来的悔恨要强得多。

追求梦想的人总希望可以有人陪伴自己并且鼓励自己，但有的时候因为梦想的遥远和艰辛，往往会伤害了身边的人。但为了明天，为了未来，为了梦想，我们总要放手一搏。即使重新洗牌，即使跌倒，总还是可以站立起来。但爱情，一次失去之后就很难愈合。

看看我们身边，有多少人为了实现梦想和愿望，放弃现在安定的生活，他们不是不知道未来会成就自己的人生梦想，但他们终究还是害怕赌注失败的结局。所以，他们想要的是通过经历磨难和坎坷步入成功的大门，最终会来寻找属于他的爱情。

梦想也许美好，现实也许残酷。谁又不曾爱过谁？谁又不曾离开过谁？谁又不曾在熟悉而陌生的地方擦肩而过？然而，为了爱情放弃各自梦想的两个人，在柴米油盐的彼此消磨下难道就不曾计较过谁误了谁？

当梦想与爱情二选一，如果是你，你会怎么选？是执子之手还是壮士断腕？本质上两者应该并不冲突，然后有些时候却不得不抉择。

感谢你参与我的青春

人间有多少芳华,就有多少遗憾,经历了世事的沧桑之后,我们会发现:青春真的是一个人拥有过的最美好的一段时光。

最远的距离不是路程的遥远,而是心与心之间的隔阂。我们都来自山川湖海,却有各自的征途要走。其实,生命归根结底是一场不能所有人一起走的独自修行。

昔日的朋友、爱人,很高兴你能来,也不遗憾你离开。

梅婷失恋了,她很痛苦。她和男朋友相爱4年,都准备要结婚了,突然有一天,男朋友对她说,他爱上了别人,要和梅婷分手,态度是那样决绝,没有一点余地。她蒙了,哭着求男朋友不要离开,说离开他自己就真的活不下去了,但对方看都不看她一眼,只留下一句冷冰冰的话:"我们不合适,在一起只会痛苦。"就拂袖而去了。

之后,梅婷多次想尽办法挽回男友,她哭过、求过、挽留过,甚至威胁过对方,希望对方能看在之前的情谊上回心转意,对方却变得越来越冷漠。刚开始的时候,对方还接她的电话,后来看见她的来电就会直接拒接,甚至关机。于是,梅婷又给他每天发很多条微信,想通过追忆以前的美好时光把他拉回来。可是,根本没用。面对冷漠决绝的男友,

第一章 有一种情感叫孤独

梅婷每天都沉浸在失恋的阴影中,无法自拔……

对于梅婷的处境,很多人都能感同身受,孤独、无助、放不下、舍不得,那种滋味真的很难受。

但我们要明白,很多东西,是不能一直拥有,更不能拿来珍藏的。再美好的东西,也有褪色的一天,再深厚的感情,也有逐渐变淡的一天。就像在一段感情里,不管当初你们的爱有多深,也不管当初的誓言有多么的坚决,也会有说不爱就不爱的一天。

只有年轻单纯的孩子,才会执着地相信,如果相爱,就一定会冲破所有的阻碍,就可以不顾一切。可现实往往会给他们上最沉重的一课。

失恋了,但或多或少,期待有些落空,不免会留下遗憾。爱的人决绝离开,自己在无数个深夜里痛哭流涕,在无数次黑暗中难过到天明,以为自己再也撑不下去了。可到后来,大家不是都挺过来了吗?而那个我们以为会永生难忘的人,也在我们的记忆中,被慢慢抹掉。

离开了,就别再祈求他,别再纠缠他,别再让自己的自尊低到尘埃里。相信自己,相信时间,你会重新走出来。

有人说,要想忘记一个人,需要时间和一段新的恋情。我深以为然。没有时间解决不了的事情。但是新的恋情,不建议刻意去寻觅。我们可以不封闭自己的内心,试着和新的异性去交往,但不能盲目,不能随便抓一根草就当作自己的救命稻草,更不能把另外一个男人当成之前爱人的替代品。

人活着,生活应该是丰富多彩的。我们还有很多事情要做,而爱情,只是生活中众多重要事情中的一种,它并不是生活的

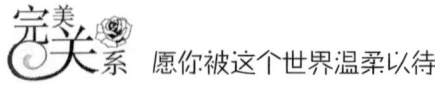

全部。只有这样，才能理性地看待得失。有时，珍惜；无时，等待。

与其在一段感情结束后，歇斯底里，拼命挽回，死劲纠缠，倒不如果断放下。允许自己悲伤一段时间，允许自己颓废一小阵子，但一定不要太久。醉过、哭过、痛过，然后收拾好自己，重新开始。

其实，一个人也挺好。可以有足够的时间，为自己充电，修炼提升自己，然后美美地、安静地等待那个对的人出现。所以，感谢他能来，也不遗憾他离开。

有人说："感情这种东西，说不清楚，也道不明白，有些时候，我们只能享受过程，因为不是所有的结果都是美好的，有些爱情，我们明明知道没有结果，不也是会奋不顾身地去爱了吗？爱情，最该享受的是过程，而不是结果。"

在日常生活中，有太多的情感是得不到好的结果的，分开有时候并不是因为不爱，而是有太多的不得已，也许从分开的那一刻开始，就终将错过一辈子。

懂得享受生活的过程，人生才会更有乐趣。不要抱怨自己不够幸福，要知道人生是需要几分自我鼓励的，不管是在什么时候，都要有几分信念和信心。在生活中少不了磕磕绊绊，不是每个人都能陪你一起走到最后，中间总会有人到来有人离开，缘来缘去如流水，我们能做的，也只有好好去珍惜跟他在一起的每一天，即使分手了也不要觉得惋惜。

茫茫人海，漫漫人生路，他能陪你一起走过一段旅程，就已经足够幸运，而这份回忆，也是弥足珍贵，你们曾经在一起的点点滴滴，任谁也抹去不了。

当然，这里并不是说一定要你不注重结果，只是说，如果连过程都不在意，又怎么会有好的结果？

生活是自己的，不必活给别人看

要充分相信自己的潜能，自信地迈出第一步，看准了就立即行动，任何时候都为时不晚。

生活是自己的，无须向人标榜。生活有时就是一杯白开水，不论是冷是热，只要温度适合自己就好；生活有时又是万千口味，酸甜苦辣咸涩鲜，只要口感适合自己就好。

之前听过这样一个笑话。

一对夫妻牵着一头驴进城，一开始丈夫骑驴，妻子牵着驴。结果周围的人指指点点说，这男人也太不像话了，一个大男人骑驴，让女人走路。

男人听了，立即和妻子换了一下，结果周围的人说，那妻子也太不像话了，让一个大男人牵驴。

于是，两个人都骑在了驴上，结果周围的人又说，两个人骑那么一头小毛驴，简直是不管驴的死活。

夫妻俩听了，忙从驴上跳下来，一起牵着驴走路，结果，周围的人们还是说，这两个人真是傻，有驴不骑，偏偏要走路。

完美关系 愿你被这个世界温柔以待

在日常生活中,我们就像是那对牵着驴进城的夫妻,无论做什么,怎么做,总会有人会对你指指点点。但嘴巴长在别人身上,你不可能去把别人的嘴巴堵上,我们能做的,只有改变自己的心态。就像林语堂所说,生活就是,有时笑笑人家,有时被人家笑笑。如果完全按照别人的标准去生活,都不知道该怎么生活了,因为无论你怎么做,总是有人不满意。

很多人的衣食住行、说话办事,都要看别人的反应。说闲话,不仅是路人的权利,也是街坊邻居,七大姑八大姨,朋友同事的权利。在这个世界上,谁人背后无人说,谁人背后不说人呢?

无论是善意还是恶意,只要你生活在人群里,就免不了被人说,当面说,背后更说。但是,每个人的生活也好,做事也好,都有自己的逻辑。就像那对骑驴的夫妻,有自己的逻辑和道理,其实跟别人说什么无关,只要自己做事符合这个逻辑,就是合适的。具体到这对夫妻,一头驴,两个人换着骑就是了,不骑也是浪费,总是一个人骑,不够公平。你管路人怎么说呢?最后耽误事儿的,不是路人,是你们自己,所有人都要为自己的行为负责。

别人的说三道四,几乎没有认真的,他们就是想说而已。有时,你的日子过得越好,周围人就越乐意说长道短。没有任何人会为他们的闲话负责的,俗话说,嘴长在别人身上,就随他们去说吧。如果你较真,那没趣的,只能是你自己。

自己过的生活,只是为了顺从自己的心意,而不是为了获得非凡的成就,成就是点滴自我奋斗的结果,是目的也非目的。

第一章　有一种情感叫孤独

人生的时间有限，走过的时间都不会重来，坚守自己的三观做事，不要被别人影响，才会活成一道美丽的风景。正如杨绛先生100岁时所讲，我们曾如此渴望命运的波澜，到最后才发现：人生最曼妙的风景，竟是内心的淡定与从容……我们曾如此期盼外界的认可，到最后才知道：世界是自己的，与他人毫无关系。

一直陪着你的是那个了不起的自己

即使没有人注意，自己也要努力成长，很多双眼睛都藏在你看不见的地方。其实一直陪着你的，就是那个了不起的自己。

一生备受病痛折磨的美国女作家卡森·麦卡勒斯说："人越是明白，越是有追求，就越孤独。是孤独，让我们有别于他人，让我们成为更好的自己。"是的，是孤独让我们有了时间学习，是孤独让我们有了时间自我反省，是孤独成就了那个了不起的自己。

在古代，有两个人挖井。第一个人比较聪明，在选址时，挑了一个比较容易挖出来水的地方；第二个人很笨，不懂地质，随便选了一个很难挖出来水的地方。

当第一个人看到第二个人选择的地方时，他心里笑了起来，想利用第一个人，于是他假惺惺地说："我们打个赌吧。让我们较量一下，谁先挖到了水谁就赢了。失败者必须

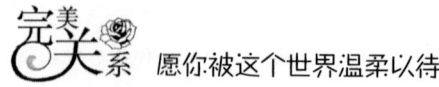

邀请成功者去当地最好的餐馆喝酒。怎么样,敢不敢试一试?"第二个人想了想,觉得打个赌挖起来更有动力,于是他同意了。

第一个人自以为稳操胜券,三天打鱼两天晒网,挖1天井,休息2天。第二个人呢,一天也不休息。当第一个人看到第二个人比自己挖得深得多的时候,他嘲笑对方说:"不用麻烦了,你永远也挖不出来水。"

第二个人不理他,继续挖自己的井。这时第一个人开始怀疑自己选择的地方:"挖了这么久,为什么还没出来水?是不是水在其他的地方?"于是,他选择了一个更容易挖出来水的地方,装模作样地说:"这里保证7天就能挖出来水。"

到了第6天,他开始怀疑,为什么还不见水?我错了吗?于是,他换了另一个地方。就这样,第一个人换来换去,从来没有挖出过水,因为他每次都是挖到离水只有1尺的地方就放弃了。再看第二个人,他只坚持挖这一个固定的地方,挖得比第一个人深得多,当然,最终的结果是,第二个人先挖到了水。

冰冻三尺,非一日之寒。第一个人聪明,每次选择的地方都比上次挖出来的水容易,如果他肯坚持一会儿,再使劲挖几下,肯定可以挖出来水。

俗话说:"绳锯木断,水滴石穿。"说白了,就是要学会坚持。一滴水的力量微不足道,但许多水滴坚持不断地去冲击石头,长此以往,就可以形成巨大的力量,最后顺利地穿过石头。

只要能够坚持不懈地努力，就完全能克服苦难，成功指日可待。

坚定成功的信念，人就能够发挥巨大的潜能。当然，信念也可能变成破坏力，那就要看你从哪个角度去看待它。人类对于生活中的遭遇会很主观地去赋予其某种意义，积极的人生信念可使人越过障碍继续向前，而消极的信念很可能就此毁掉一个人的整个人生。

1986年，美国职业篮球联赛开始时，洛杉矶湖人队面临巨大的挑战。在前一年，湖人队本来有很好的机会赢得联赛冠军，那时所有的球员都处于巅峰状态，可是到了决赛时却出乎人们意料地输给了波士顿的凯尔特人队，致使教练派特·雷利和所有球员都非常沮丧。

后来，教练为了让球员重拾信心，便告诉大家，新的赛季只要每人能在球技上进步百分之一，这个赛季便能取得出人意料的好成绩。百分之一的进步看起来似乎是微不足道的，可是，如果球队的每一个球员都进步百分之一，这个由12个人组成的球队便能比以前进步百分之十二。只要能进步百分之一以上，他们便足以赢得联赛的冠军。结果，大部分的球员进步了不止百分之五，有的甚至进步了百分之五十以上，最后，这一年是湖人队夺冠最轻松的一年。

由此看来，无论遭遇到多大的挫折，我们始终都应该相信：风雨过后，总会有阳光。

在不可避免的压力中，逃避是不行的，你必须正视它，努力提高自己，才能最终战胜它，任何时候都要有战胜困难的决心。

 愿你被这个世界温柔以待

逆境并非不可逾越,每一个困难都是一次挑战,每次挑战又都是一次机遇,战胜困难就等于抓住了机遇。

每个人的心里都藏着一个了不起的自己,只要你不颓废。不消极。一直悄悄酝酿着乐观,培养着豁达,坚持着善良,只要在路上,就没有到不了的远方。未来,你只需要比一个人更好,那个人,就是现在的你。

看到了吗?"希望"的光芒总是从你身后发出,也许离你非常接近,但你却总是发现不到。

最远的路是通往自己内心的路

这个世界本来就是痛苦的,没有例外的。

当你快乐时,你要想,这快乐不是永恒的。当你痛苦时你要想这痛苦也不是永恒的。认识自己,降服自己,改变自己,才能改变别人。

有一天,苏格拉底与一名学生有这样一段对话。

苏格拉底问:"孩子,为什么悲伤?"

学生说:"我失恋了。"

"哦,这很正常。如果失恋了没有悲伤,恋爱大概就没有什么味道。可是,年轻人,我怎么发现你对失恋的投入甚

至比对恋爱的投入还要倾心呢？"苏格拉底说道。

学生说："到手的葡萄给弄丢了，这份遗憾，这份失落，您非个中人，怎知其中的酸楚啊。"

"丢了就是丢了，何不继续往前走，鲜美的葡萄还有很多。"苏格拉底继续轻松地说。

学生说："我要等待，等到海枯石烂，直到她回心转意向我走来。"

苏格拉底说："但这一天也许永远不会到来。你最后会眼睁睁地看着她和另一个人走的。"

学生说："那我就用等待来表示我的诚心。"

苏格拉底说："但如果这样，你不但失去了你的恋人，同时还失去了你自己，你会承受双倍的损失。"

学生接着说："踩上她一脚如何？我得不到的别人也别想得到。"

苏格拉底说："可这只能使你离她更远，而你本来是想与她更接近的。"

学生没有办法了，说道："您说我该怎么办？我可真的很爱她。"

苏格拉底用眼睛盯着他，问他："真的很爱？"

学生说："是的。"

苏格拉底说："那你当然希望你所爱的人幸福？"

学生说："那是自然。"

苏格拉底问他："如果她认为离开你是一种幸福呢？"

学生对苏格拉底表现出一种轻蔑的微笑，他自信地说：

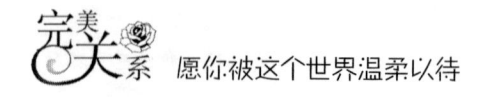

"不会的！她曾经跟我说，只有跟我在一起的时候她才感到幸福！"

苏格拉底说："那是曾经，是过去，可她现在并不这么认为。"

学生说："这就是说，她一直在骗我？"

苏格拉底说："不，她一直对你很忠诚。当她爱你的时候，她和你在一起时是很爱你的；但是，现在她不爱你，她就离去了，世界上再没有比这更大的忠诚。如果她不再爱你，却还装着对你很有情谊，甚至跟你结婚、生子，那才是真正的欺骗呢。"

听了苏格拉底的话，学生哀怨地说："可我为她所投入的感情不是白白浪费了吗？谁来补偿我？"

苏格拉底说："不，你的感情从来没有浪费，根本不存在补偿的问题，因为在你付出感情的同时，她也对你付出了感情，在你给她快乐的时候，她也给了你快乐。"

学生感到有些迷惑，说道："可是，她现在不爱我了，我却还苦苦地爱着她，这多不公平啊！"

苏格拉底说："的确不公平，我是说你对所爱的那个人不公平。本来，爱她是你的权利，但爱不爱你则是她的权利，而你却想在自己行使权利的时候剥夺别人行使权利的自由。这是何等的不公平！"

学生更迷惑了，说道："可是您看得明明白白，现在痛苦的是我而不是她，是我在为她痛苦。"

苏格拉底反问他："为她而痛苦？她的日子可能过得很

好,不如说是你为自己而痛苦吧。明明是为自己,却还打着别人的旗号。年轻人,德行可不能丢哟。"

学生说:"按照您的说法,这一切倒成了我的错?"

苏格拉底说:"是的,从一开始你就犯了错。如果你能给她带来幸福,她是不会从你的生活中离开的,要知道,没有人会逃避幸福。"

哀怨的学生有点儿丧气,说道:"可她连机会都不给我,您说可恶不可恶?"

苏格拉底说:"当然可恶。好在你现在已经摆脱了这个可恶的人,你应该感到高兴,孩子。"

学生说:"高兴?怎么可能呢,不管怎么说,我是被人给抛弃了,这总是让人感到自卑的。"

苏格拉底回答道:"不,年轻人的身上只能有自豪,不可自卑。要记住,被抛弃的并不是就是不好的。"

听了苏格拉底的话,学生有些不解,问苏格拉底:"此话怎讲?"

苏格拉底说:"有一次,我在商店看中一套高贵的西服,可谓爱不释手,营业员问我要不要。你猜我怎么说,我说质地太差,不要!其实,我口袋里没有钱。年轻人,也许你就是这件被遗弃的西服。"

听了苏格拉底的话,学生笑了,对苏格拉底说:"您可真会安慰人,可惜您还是不能把我从失恋的痛苦中引出。"

苏格拉底说:"是的,我很遗憾自己没有这个能力。但,可以向你推荐一位有能力的朋友。"

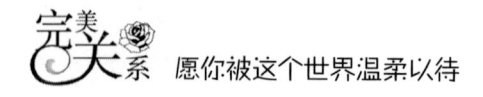

学生看着苏格拉底，问道："谁？"

苏格拉底说："时间，时间是人最伟大的导师，我见过无数被失恋折磨得死去活来的人，是时间帮助他们抚平了心灵的创伤，并重新为他们选择了梦中情人，最后他们都享受到了本该属于自己的那份人间快乐。"

听了苏格拉底的话，学生有点儿失望，说道："但愿我也有这一天，可我的第一步该从哪里做起呢？"

苏格拉底说："去感谢那个抛弃你的人，为她祝福。"

学生说："为什么？"

苏格拉底说："因为她给了你一份忠诚，给了你寻找幸福的新机会。"

快乐就像树林里的阳光，斑驳地洒落在我们的生活中；烦恼就像屋外的微风，从窗缝间悄无声息地溜进来。我们无须为了阳光而砍伐树木，也不必为了烦恼而紧闭窗棂。

我们是在快乐与烦忧的缠绕中慢慢长大，再大的快乐，也会成为过往，再大的烦忧，也只能是点缀生活的碎片。得志不得意，失败不失态，才是智慧的抉择。在日常生活中，我们不埋怨谁，不嘲笑谁，也不羡慕谁，阳光下灿烂，风雨中奔跑，做自己的梦，走自己的路。

沉浸在别人的生活之中，没有主见，完全依靠于别人；任意被人摆布，别人的话都听，自己却没有任何主见……这样做人在当今社会上依然存在，可最后都会像无根的浮萍一样，一无所获。

第一章 有一种情感叫孤独

就像但丁所说:"走自己的路,让别人说去吧。"只要你认为是正确的道路,就要坚持自己的选择,而不应被他人的评论所左右。能够做到这一点的人,最后都成功了,他们将自己的命运掌握在自己的手中,而不是落到别人手里。

第二章

我不说，
你不懂，
这就是距离

夫妻之间最远的距离就是，我在床左看世界杯，你在床右刷韩剧；我在客厅刷抖音，你在书房玩游戏。仿佛彼此身处两个世界，是最熟悉的陌生人。其实，婚姻并不是爱情的坟墓，无话可说带来的孤独才是。

第二章　我不说，你不懂，这就是距离

暗恋是种什么滋味

　　暗恋是一种单纯的、无私的、深刻的爱。无论何时想起，都会是心底最温柔的记忆。

　　暗恋，是一种没有回应的思念，只是这种思念是快乐并痛苦着的，这种思念就像喝了冰冷的水，然后一滴一滴化作热泪。

　　暗恋一个人是什么感觉？想说又不敢说，是最痛的状态，这也是世界上最遥远的距离，我明明就在你面前，你却不知道我悄悄爱着你。

　　在很久很久以前，曾经看过一个这样的故事，是从一本叫作《一只乌龟的生活智慧》的书上看到的。

　　那是一个阳光明媚的清晨，街上的行人匆匆而过。

　　而就在望不到边际的人流中，突然响起了啪的一声，在早晨的空气中，这声音十分刺耳，仿佛是手掌用力拍打在脸上所发出的声响。

　　周围的行人都循着响声的来源好奇地望来。只见在人群之中，传出来一声怒吼："你有毛病吗？还跟着我。"

　　循着声音的方向，只见一个漂亮的女孩，正怒视着身边的一个男孩，而此时，这个男孩正捂着左半边脸，显然，刚才那声脆响是从这里传出来的。

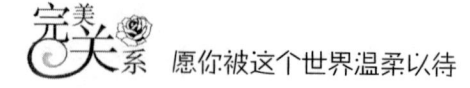

在众人的注视中，男孩低着头，轻声对女孩说："阿敏，我真的很喜欢你，给我一次机会，好吗？"

但女孩那种怒火中烧的眼神，似乎已经说明了这一切只是一场没有成功机会的求爱游戏。

类似的事情，在这个繁华的都市中，几乎每天都在发生，每天都要上演无数场次。所以，行人们大都只是耸耸肩，继续赶路。

而女孩也带着满脸的怒气走开了，只剩下那个男孩，孤独而又无助地站在那里，似乎在等待着女孩的回心转意。但眼前的一切，显然已经告诉了他，这段单相思根本就不可能有结果。

这时，男孩眼中充满了绝望的神情。

几分钟之后，随着男孩的离开，似乎这一段短暂的插曲，完全消失在空气中。

但过了两天之后，突然从一张飘落在地面的报纸上人们看到了两张照片，而其中一张上面一个男孩的模样，竟然就是那天见到的那个失恋男孩。原来那个男孩竟然为情所困而独自出走了。

但更古怪的事情却在后面，在报道中写到，在得知男孩出走的消息之后，竟然有一个女孩顿感悲痛万分，追随而去，也离家出走。

看看照片上女孩的模样，竟然并不是那天路上看到的那位女孩。

显然，在这个男孩苦恋一位女孩的同时，却又有另一位女孩也同样地苦恋着他。

这真是一个奇特的情感连环套。

第二章　我不说，你不懂，这就是距离

　　暗恋是很美好的，但也是备受煎熬的，因为怯懦，不敢告诉对方；因为害怕，不敢向对方表明自己的心意；好几次都鼓起勇气，想要向对方表白，但最终还是放弃了。

　　暗恋是种什么滋味？暗恋的人就像一枚久不佩戴的银首饰，是那样的暗淡，又显示不出高贵的价值。爱情虽然悲喜交加，但却能给人热情和希望。而暗恋，正好是相反的力量。暗恋是一种痛，它的残忍显而易见，那种近在咫尺却又远隔天涯的距离感，能让人体会到近乎尖锐的疼痛和绝望到底的无助。

　　暗恋的人，常常一个人郁郁寡欢，食之无味，夜不能寐。喜欢一个人，却不能告诉她，因为她身边已经有了另外一个人陪伴。想要去关心她，却又不能让她知道，因为今生注定无法在一起。只能把对她的那份爱深深地埋在心底，任它在心海深处泛起阵阵涟漪，看到她时莫名欢喜，看不到她的时候忍不住默默垂泪。那种思念你无法控制，就任它悄悄地蔓延，疯狂地滋长。

　　暗恋，最残酷的不是等待，而是等待过后得不到一丝期许。相逢本有缘，你希望她知道有你的存在，希望她可以了解你的心意，至少能够看到你眼中的欢喜与落寞，常常希望她多看你一眼。

　　喜欢一个人本身并没有错，因为情不自禁，才会如此依恋。但是自己又没有爱的勇气，却还常常躲在她的身后，只为看到她熟悉的背影，那是一种怎样揪心的痛。对方的一个表情、一个动作、一句不经意的话，可能都会触动你的心弦。你的世界好像只有她一个人的身影，完全沉浸在她的世界中。

　　情由心动，爱由心生，对一个人的喜欢，没有缘由。而因为暗恋，有时候突然地厌恶自己，空气中总是弥漫着淡淡的忧伤，

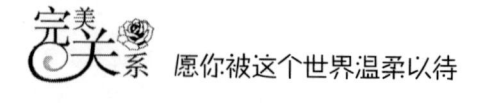

这就有些危险了。要知道，在我们的生命中，她也许只是你生命中的一个过客，也许还有更好的选择在前方等着自己。

有个地方只有我们知道

飞驰的岁月，不仅留下了数以万计的故事，而且积累了丰富的人生的经历。

人的一生中会有很多故事与场景，有喜极而泣的泪水，也有发自肺腑的放声大笑，有与家人紧紧的拥抱，有无拘无束的自由奔跑……人就是这样一面实践着，一面思考着。每一个地方都会发生着能够让人铭记一生的故事。

《有一个地方只有我们知道》这部电影相信很多人都看过。尽管这部电影褒贬不一，但当我重温了一遍这部电影后，也想和大家分享一下作为观众最真实的感受。

带着离别的伤感以及对未来的憧憬，我再次点开了这部充满悲伤情怀的电影。

影片开头是金天的内心独白，失去了唯一的亲人，被最爱的男人抛弃，独自一人来到布拉格的她，决定从此开始自己的新生活。蹦极、抽烟、文身、喝酒，这些仿佛都不能让她从充满伤痛的旧生活中解脱。当金天打开教堂大门的时候，她耐心聆听着神父的证词。

看着那个美丽的身穿婚纱的新娘，金天情不自禁地往前

第二章 我不说，你不懂，这就是距离

走去，幻想着自己曾经被抛弃的婚礼，耳边回响的全都是齐新的抱歉。她迫切想要改变自己，但来到布拉格后却依然如故，直至她遇上彭泽阳。当泽阳猜出金天所有的心事之时，他们之间就产生了一种微妙的感情，与其说是爱情的萌芽，倒不如说是两个人不同遭遇的同病相怜。

当泽阳给金天翻译完奶奶兰心的信件后，金天问他，等一个杳无音信的人几十年，你等吗？等不了。这是泽阳的回答。等待一份杳无音信的爱情，而且不知道对方身在何方，你会选择等待吗？这也许是一张无解的问卷。有些等待是徒劳无功的，可总有一些人会决绝地选择等待。诺瓦克和金天的奶奶兰心亦是如此。

兰心从布拉格回国后，终生未嫁，和记录了自己与诺瓦克的故事的速写本相伴终身。速写本里有广场的雕像和诺瓦克的素描，蕴藏的是无惧岁月流逝的深情。诺瓦克纵然因为得知被投进集中营的妻子依然在世而放弃了和兰心到中国开展新的生活的计划，可对于这个美丽的异国女子，以及她在自己最困难痛苦之时为自己带来的快乐，诺瓦克从未忘记。

那张去往中国的火车票一直被他视为珍宝。几十年后，当金天到了那个奶奶与诺瓦克曾经约好的广场，当她伫立凝望雕像的时候，她发现有一个年迈的男人也同样凝望着她。她低头抚摸着奶奶留给她的披肩，突然明白了为何眼前的老人会热泪盈眶。原来诺瓦克这么多年来，一直坚守着与奶奶兰心的约定。

诺瓦克每天都坐在河畔的雕像下，等待着，等待着那一份失去联系的爱情，那位在远方的她。他仿佛在那一刻重回年轻，在曾经约定好的地方偶遇他内心最憧憬的美好。金天

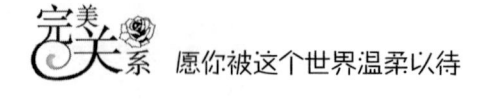

问他,为什么最后没有和奶奶在一起呢?他说,我也曾经确信我们会永远在一起,但没有人能预料未来会发生什么。

随着时间的流逝,两个人厮守终身的愿望便越来越变得不可能了。一周后,诺瓦克走了,走得很安详,大概是因为了却了自己几十年来的心愿吧,他终于能放心离开这个世界了。当金天能坦然面对齐新的时候,当她不再对过去耿耿于怀的时候,她终于明白了,爱情不是理所当然的,而是一份来自上天的礼物,不能强求,也不能躲避。

她更感谢,感谢曾经遇到的那个错的人,让她认识到生活更多的美好。正如泽阳所说,如果不真正放下过去,就不会有明天。她终于拥有了自己的新生活。而泽阳也终于下定决心,跑到那个几十年前兰心与诺瓦克曾经约定好的地方,将即将离开的金天挽留下来。

"如果你愿意留下来,我不知道能给你什么样的生活。虽然,我不知道我将来到底要做什么。可是如果你愿意,我想尝试。"

在影片的最后,老徐说:"我们都以为永远会很远,其实它可能短暂得连我们自己都看不见。现在,拥抱你身边的人吧。"

尽管那悲伤的结局早已注定,看完后总有那种挥之不去的抑郁,但每次沉浸其中都让人心生千百种想象。

没有人能预知未来,无论一个人生活还是两个人相处,都要朝着未来不懈努力,去追求一个更好的自己,更好的生活,不要让爱你的人失望。但在你前行的路上,别忘了回头看看那些牵挂你的人,他们都在那个只有你们才知道的地方,等着你回来。

第二章 我不说，你不懂，这就是距离

有人说，人生是一出戏，你方唱罢我登场；也有人说，人生是一条漫长的路，要方向明确、直达终点，那个地方虽让我们难以忘记，但也要记得细细欣赏沿途的风景。

别让思念变成了伤怀

人类是这个世界上最聪明的物种。

从童年开始，人生中遇到的所有不开心的事情，都会给你的人生造成很多负面的影响，而无数的悲伤也因此而起。

"明明知道相思苦，偏偏为你牵肠挂肚。经过几许细思量，宁愿承受这痛苦。"这就是想念一个人最真实的写照。这样的痛苦几乎很难用文字去表达明白，它就像不断扩散的癌细胞，随着时间的推移，总有一天会占据身体的每一个角落。

女人和男人是自由恋爱在一起的，当时她28岁，已经到了结婚的年纪，遇到他，相互接触后，觉得他比较上进，没有什么坏毛病，就开始谈恋爱，1年之后顺理成章地结婚。

结婚的时候，女人对男人还没有多少爱情，但是为了责任，两人慢慢适应，慢慢培养，感情就悄无声息地产生了。结婚已经7年，两人的感情很深，女人对男人非常依恋。从以前非常独立的一个人，到对他的依恋，对他的撒娇卖萌，习惯每一天都见到他，习惯每一晚都抱着他才能熟睡。

2017年，男人换了一份工作。工作半年时，一直很稳

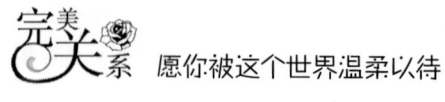

定,之后公司老板决定上新三板、想上主板,打算从一个城市迅速扩张开来,拓展整个国内市场,男人成了第一批被派出去的人。他的工作性质,直接就变成了驻外,两人过起了两地分居的生活。

刚开始两地分居的时候,女人非常不适应,思念之情无处不在,总是思念两人在一起的生活,思念晚上说着情话聊聊天入睡的感受。女人抽空跟他微信沟通,表达自己的思念之情,说自己不适应这种两地分居的生活,希望他能够尽快回来。

男人答应过不了多久就会回来,说了很多其实自己也不想不出来的类似话语。在女人思念最强烈的时候,那份痛苦的感觉,估计只有经历过的人才能深刻地体会到。没有经历过的人是完全无法体会到那份痛的。比如,看到屋里都是他的影子,看到床,就会看到他要上床睡觉的影子,看到阳台就会看到他在阳台坐着看书的影子。女人甚至想把家里他所有的照片都扔掉,想把他的衣服和杂物一起扔掉,来摆脱这些无处不在的影子。

在最郁闷的时候,女人甚至还感觉这种生活无法过下去了,觉得这么痛苦,还不如死掉,还不如他生病躺在家里,哪怕每天伺候他,起码让自己每天能看到他,这也是一种满足。

每个人的相思都是一样的痛苦,可是每个人都说不清道不明。痛苦,到底应该怎么表达才能准确无误地形容出来。想念一个人的感觉,痛不欲生或许是最好的一个诠释。

想念一个人的时候,它没有规律可循,早中晚都不停歇,时时刻刻相思，或者就算深夜入眠，也会因为想念一个人而心痛惊醒。这都是那些心中有个人在思念着最常出现的经历，无药可治，也没有任何办法可以减轻。只有借助于时间的流逝，期盼那份想念的痛苦值慢慢减轻。这就是想念一个人，最无能为力的一份期许。

思念一个人过了头，其实有很多后遗症。从个人心理方面来看，思念是人类正常的一种情感需求，而真正思念一个人到极致，大都会有这3种感受与表现。

1.梦里梦外都是他/她

真正思念一个人，会经常做梦梦见这个人。弗洛伊德曾说过，梦从来都不是空洞无物的，而是非常有意义的。我们在梦里面梦见朝思暮想的人，是因为我们的过去潜意识继续在我们的头脑中发挥作用。

男孩有段时间一直梦见自己的前女友，前女友曾在他最失意的时候离开了他，他一度都很痛苦，后来过了很长时间才慢慢走出失恋的阴影。他以为自己忘记了，但是他没有想到，几年后，他再次频繁而强烈地梦见她，这种梦境几乎持续了将近一个月。

其实，他们两个人分手时，前女友对他欠缺一个真正的内在告别。虽然他们分手了，但是他从未从心里面把她忘记。梦境里面反复出现他的前女友，证明他其实并没有完全放下过去，这些都是过去思念的持续。如果想真正忘记一个人，最好的方式就是和心中的前女友有一次真正意义上的告别仪式。

正所谓日有所思夜有所梦，梦其实都是在提醒我们一些生活中未完成的事情，抑或我们近期可能将要遇到的事情，它们才会在脑海中徘徊，而要想放下内在的思念，最有效的方式就是和内心深处的潜意识沟通，才会真正地放下，相安无事。

2.镌刻在自己心里

真正思念一个人到极致，会一直把对方记在心里。爱的最高境界不是得到，而是一辈子用行动默默守护践行。在爱的人心里，思念是如影随形的。即使对方离开，甚至去了另一个世界，爱人仍然会用后半辈子陪伴她、怀念她，和她相知相守，缅怀每个相知相识的重要日子。

3.再无人能取代

思念一个人到极致，才知道思念的那个人是世间独一无二的人，任世间的人千千万，也再无法找到这样的感觉。

沈复曾经用动情的笔墨记载自己和妻子芸儿的点点滴滴。等到妻子芸儿去世后，他此生再无可恋，因为他知道，世间只有一个芸儿，再无其他。

正如元稹在诗词里说的："曾经沧海难为水，除却巫山不是云。取次花丛懒回顾，半缘修道半缘君。"思念一个人到极致，时常会被思念包围起来，甚至一辈子都很难走出那个人的阴影。

曾经相处的时光已经成为自己一生中最美好的回忆，可能此生再也无法找到相似的记忆、相似的味道。爱和思念融为一体，从此成为此生最好的眷恋。

真正思念一个人，其实就是无时无刻眼里都是她的身影，她在，她是一切；她不在，一切是她。

思念是沉醉于一处风景而不愿离开的心情。明明已经过去很久，但在碧波之间，就仿佛自己从未离开一样。

人生有多种可能，思念从不打烊，你会把思念寄托在那里吗？

第二章　我不说，你不懂，这就是距离

有时，两个人也寂寞

一个人，和寂寞其实是两回事。一个人，是可以完全不寂寞的，假如你是乐在其中，更愿意享受宁静和独处的话。两个人也可以很寂寞，当你们无法去沟通的时候，无法去欣赏彼此存在的价值的时候，无法分享爱与关怀的时候，你一定是很寂寞的。

之前在微博上看到一个段子。

从前有人结婚，亲友说："恭喜恭喜！"

后来，有人结婚，亲友说："保重保重。"

刚听到这个段子的时候特别想笑，再想想，又觉得满是凄凉。德国哲学家尼采曾说，男女双方走进婚姻的殿堂时，神父问的最后一句话是："你认为，可以和这个女子（男子）到老了都有话说吗？"我不知道有多少人能理直气壮地回答这个问题，也不知道有多少人在午夜梦回之际，是否后悔选择了身边的这个人？

那么，真正的问题就来了：为什么越来越多的女人不想结婚？为什么越来越多的女人感觉自己嫁了个假老公？为什么越来越多的女人即便结婚了，依然感觉自己很孤独？

其实，婚姻中的孤独分为三种：

第一种，无人可陪；

第二种，无话可说；

第三种，无人可爱。

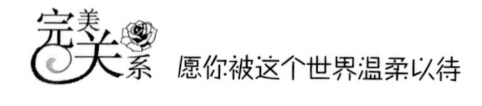

不妨问问自己：你属于哪种孤独？

面对这种局面，有些女人选择将就，有些女人选择离开。

第一种：无人可陪。

男人总以为爱一个女人就是给予她丰厚的物质条件，给她很多很多的钱，自己为了赚钱付出了时间，牺牲了健康，舍弃了陪伴，却不懂，女人其实只是需要：

想要被理解、被倾听、被陪伴；

想要被滋养、被赞赏、被珍视；

想要被尊重、被接受、被爱。

婚姻有多孤独？也许只有结了婚的人才懂。

很多结了婚有了孩子的女人，都经常说自己是典型的"婚内单身""守寡式婚姻""丧偶式育儿"。孩子出生前，产检、听育儿课、做产前运动、买婴儿用品等，都是自己来；孩子出生后，喂奶、换尿布、洗澡、抚触、讲故事、玩游戏，还是自己来。后来，孩子好不容易上了幼儿园，送接孩子、亲子互动、参加孩子的家长会，还是自己去。

有一次，一个孩子问他的妈妈："妈妈，为什么每次幼儿园放学都是你来接我呀，爸爸为什么不来接我？我的同桌冉冉，每天都是爸爸妈妈一起来接她。"妈妈当时无言以对，心酸得只想掉眼泪。是啊，爸爸去哪儿了呀？

正所谓宁可高傲地单身，也不要这种丧偶式的婚姻。哪个女人不希望得到老公的疼爱呢？谁不希望老公时时陪伴在身边？可是这些似乎都成了奢望。男人总说，我很忙，我要去赚钱，我要供养你和孩子，让你们过上更好的生活。这些理由看似都没有办法去反驳，可是却在日积月累中让女人一点点把对对方的爱和对婚姻的期待消磨殆尽。

第二章　我不说，你不懂，这就是距离

很多时候，我们想安慰自己，这世间夫妻大多如此，谁不是凑合着过的？可你又分明见到很多恩爱缠绵的夫妻，相携相伴经营婚姻、抚养孩子，让自己心生妒忌，为何自己遇不到那样的好男人？

第二种：无话可说。

前些天，有一部没有多少台词的短片，却刷爆了朋友圈，那就是《餐桌上的陌生人》。

很多人说，好的短片总是能够看到自己的影子。短片中最戳心的有三个场景：

第一个场景。

妻子回到家，跟丈夫说："刚刚在电梯遇到邻居，她女儿长得很快呢。"可丈夫却戴着耳机忙工作，对妻子的话完全不予理会。空荡荡的房间里，只有键盘声、呼吸声和电视机里传出的电视连续剧的声音……两个人再也没有一句交流，空气静得让人窒息。

第二个场景。

第二天，妻子在打扫卫生的时候，在沙发底下发现了一支遗忘了好久的录音笔，赶紧打电话询问老公录音笔有没有用？需不需要给他送过去？丈夫简单附和了几句，还没等妻子说完，就匆忙地挂掉了电话。妻子那一瞬间落寞的神情，让人心疼不已，后来她好奇地听了听录音笔里面的对话：

"帮我拿一下遥控器。"

"嗯。"

"那你待会儿早点儿睡啊。"

"嗯。"

"光要调暗一点儿。"

"嗯。"

"不然很伤眼睛。"

"嗯。"

"先吃吧,汤都凉了。"

"嗯。"

……

夫妻俩同处在一个屋檐下,对话竟然少得可怜,每次都是妻子先开口,丈夫的回应永远都是"嗯""是""噢"……两个人的婚姻,只有一个人的独角戏在上演。

第三个场景。

寂静的餐桌上,妻子终于爆发了,她质问丈夫,你有没有听到什么声音?

对,就是什么声音都没有。好安静。

很多女人困惑:曾经无话不谈的两个人,为什么现在竟然无话可说了?

快速发展的社会促使着人们对婚姻的质量要求越来越高,而不仅仅满足于物质要求。所以,找一个能够在精神层面互相滋养的人,显得越来越重要。

夫妻之间最远的距离就是,我在床左看世界杯,你在床右刷韩剧;我在客厅刷抖音,你在书房玩游戏。仿佛彼此身处两个世界,是最熟悉的陌生人。其实,婚姻并不是爱情的坟墓,无话可说带来的孤独才是。

第三种:无人可爱。

为什么我们恋爱的时候都是快乐的、满足的,可结了婚以

第二章 我不说，你不懂，这就是距离

后，却多出了这么多的孤独与无奈？

爱情有多甜蜜，婚姻就有多煎熬。

《蓝色情人节》中的两个经典镜头，充分说明了这个问题，令人感到唏嘘不已。

第一个镜头是：两人第一次约会时，在挂着心形饰品的商店橱窗前，他对着她弹着琴唱歌，她跟着他的节奏即兴跳舞。"那种感觉就像是听到某首歌就非跳舞不可"，这是爱情开始的时候，也是最美好的时光。

第二个镜头是：婚后6年，两人为了挽救他们破碎的婚姻，来到酒店共度情人节的一夜，他喝醉了，争吵更加激烈，在美轮美奂的情趣套房里，他想做爱而她不愿意，最后竟然连同床异梦都做不到。

当一个人想要安定的时候，另一个却觉得"早上8点起床，吃饭，然后去工作，回到家里，能和你们在一起，就是梦中的生活"；

当两人争吵过后，一个在外面敲门，一个蹲在屋内掩面哭泣；

当一个想要亲热的时候，另一个永远没有回应。

女人妥协了6年，最后她被压得喘不过气来。她提出离婚，他扶门而涕。

即便这样，她还是决定分开。

影片结尾，两个人头也不回地迈向自己新的人生。

落寞的背影，再无交集的方向，不免使人感慨，他们的爱情是什么时候结束的？有人说，是辛蒂为了工作丢下迪恩独自离开的时候。也有吃瓜群众说，是迪恩冲进医院打闹的一刻。更有群众说，是当迪恩为了爱情，包容辛蒂怀了前男友孩子的一刻。

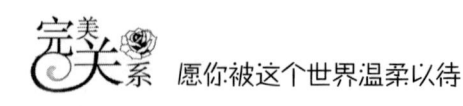

其实最本质的差距在于：

（1）妻子是比较现实、有野心的，她渴望一个没有争吵的家庭；而丈夫浪漫随性，安于现状，没有什么事业心，他只希望拥有一个完整的家庭。

（2）两人的原生家庭不同，妻子从小的生活环境让她认为孩子宁可在一个不完整的家庭中成长，也不要在一个每天争吵不断的环境中蒙受心理阴影。而丈夫的单亲家庭经历让他认为，孩子必须有一个完整的家庭才是幸福的。

婚姻与爱情就像一对死敌，爱情是不顾一切的日夜深吻，婚姻却是疯狂之后的烂摊子。为什么有些女人宁可选择婚内单身，也不愿意离开这糟糕的婚姻呢？原因大概有3点：（1）对情感绝望；（2）害怕面对新的生活和未知的将来；（3）与生俱来的自卑心态。

这样的女人没有能力去化解两个人之间的矛盾，也没有信心去重新开始新的生活，所以才会日复一日、年复一年地选择继续将就。

真实的亲密关系

亲密度是爱情的一个重要指标，两个人一起共度时光，分享情感，生活上同甘共苦。

怎么做才能很好地去爱一个人，才能增加你们之间的亲密度？我说：用心、用脑、用力。

用心，你才懂得他的想法，才能接收到他的心与情，包括情绪和需求；

用脑，想尽一切办法以他人能接受的方式去表达你的爱；

用力，就是要尽力，尽一切力量，不要半途而废，要持之以恒。

虽然感情这条路不可能铁杵磨成针，但是却不可以玩世不恭，所以你必须要尽力。

法国哲学家马瑟尔（Gabriel Marcel）用诗句表达了对亲密的理解："即便我不能看到你，不能接近你，我觉得你与我在一起。"真正的亲密关系就是你与另一个人之间深刻的、自由的、互相回应的联结。

从心理学的角度来看，婚姻中的亲密关系必须经历四个完整的阶段，我们才能甘之如饴。你们的亲密关系进行不下去，原因不在于对方，而在于你，只有真正调整好自己的心态，你才能引领彼此关系进入新的发展阶段。

1. "相遇"是爱一个人的开始

只要我们有足够的自信，在生活中邂逅一个让你怦然心动的女孩并不困难。就像球星贝克汉姆描述他怎样遇到维多利亚时候的场景，他说："最对的那个人不用去寻找，到了时机，她会自动出现在你眼前。"

一见钟情，一秒钟就被对方深深吸引，想要遇到其实并不困难。在两个人相恋和新婚前几年，这种爱还会一直燃烧。这个过程，我们称之为理想化的过程。一见钟情，也有个心理名称，即"自恋性移情"，就是把最爱的那个理想化的人投射给一个异性。当然，把这么美好的情感体验，做如此冷冰冰的描述，是不大合适的。

2. "相知"特别困难，特别痛苦和煎熬

很多婚姻就是在相互了解的阶段纷纷解体，有的是因为彼

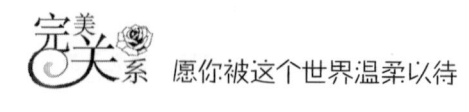

此都无法忍受对方的生活习惯，有的是因为其中一方有了外遇出轨，有人是因为在婚姻中各自为政感情渐行渐远……相知的过程，也就是理想化幻灭的过程，甚至有些人还会诧异：一切都很般配的伴侣为什么会变成如今这般面目可憎？

相知的过程，是两个真实的人在毫无掩饰的情况下的赤裸相见，彼此毫无遮挡。在这个过程中，多少婚姻陷入自怜的泥潭中挣扎不已？多少人在婚姻中冷漠地封闭了自己？多少人从婚姻中仓皇逃离？多少人在婚姻的幻想中迷失了真正的自己？

相知的过程中，是一种对我们内在亲密关系的挑战。几乎每个人在亲密关系的成长过程中，都会经历这个过程。当我们一个人度日时，这种情感处于沉睡状态。然而一旦进入婚姻，这种被压抑已久的无意识渴望会汹涌而出，一股脑儿寄托在伴侣身上，但结果往往会令我们失望和遗憾。在指责、抱怨、伤心、无望之后，我们又开始封闭自己真实的情感，婚姻关系只剩下空壳和形式，或者变得支离破碎。

只有当我们自己内在的亲密关系和谐了，不再把渴望寄托在伴侣身上，而是通过自己的努力去帮助对方。这时候，我们才有能力用崭新的眼光去看待真实完整的伴侣。也才能爱他、尊重他、理解他，给予他自由和爱。同样，真正的爱也会降临到你的身上。因为你已经从爱自己、爱伴侣中得到了足够的满足和快乐。

3. "相惜"，是对亲密关系接纳

在相处的过程中，双方都看到了自己和伴侣的不完美，也看到了自己和伴侣维系亲密关系的纽带，开始接纳自己，也接纳伴侣。在这种情况下，双方之间的关系，就会形成一种既不是理想化，也不是过分挑剔和要求对方，而是一种相互包容，相互理

解，相互支持，相互珍惜的亲密关系，最重要的，是相互的爱和尊重的关系。

即使感情已经不在，依然可以很平和地说再见，感谢彼此相互陪伴和共同走过的日子，让那份曾经美好的情感永远留在心底，这份爱并不会因为分离而消失。然后，依然可以满怀对自己对他人的爱，继续生活。分手，也可以成就另外一种意义上的"相惜"。

相遇，只是为相爱的人提供了一种可能性，所以，相遇是缘分的开始。而相知，才是爱的开始，这个阶段，充满了不可预测的风险和危机，需要你用足够大的勇气和智慧去体验和经历这个过程，过了这段时期，爱才可能继续，所以，相知是缘续。而经过了挑战和危机的阶段，懂得了珍惜生命中的缘分，爱才能最终相守，无怨无悔携手今生——缘定今生。

切记：所有的婚姻和情感关系，毫无例外地都要经历这样的过程，这其中所有的艰辛、痛苦、希望，没有一个可以绕得过去，你必须和伴侣携手去走完这段旅程。

你是如何爱我的，让我如实告诉你

在爱情中，最令人心动的核心内容就是人的自我价值感的实现。

丘比特射出爱情之箭的时候，也许偶尔会偏离方向，但科学研究告诉我们，如何让自己的爱情之箭射向正确的地方？只要射在对方的自尊上即可。如果即将进入恋爱的人们知道，是自尊能让他获得爱情，一定会兴奋不已，因为满足意中人的自尊其实并不难。

有无数种办法可以让你的意中人感觉自己美丽、强壮、英俊、活力四射、魅力十足，这其中最有效的是杀伤力十足的赞美、杀伤力较小但效果微妙的爱抚以及让意中人自信心爆棚的崇拜。

在男女交往的过程中，大多数女孩特别敏感，情绪复杂多变，爱发小脾气，男人一定要细心对待她，如果你不能很好地理解女人的小脾气，就很容易引发矛盾，甚至分道扬镳。一个男人是不是真的爱上一个女人，聪明的女人很容易就可以发现，但是，在爱情中总有一些女人不了解自己的男人，白马王子来到了眼前，她还蒙在鼓里。爱你的男人，永远有时间，只要是你的一点点召唤，他就会立刻出现在你的身边，给你最温暖的关怀，对你嘘寒问暖，恨不得代替你承受所有的痛苦。

男人爱一个女人，他一定会做到这5点。

1.不会冷落你超过3天

爱你的男人一定不会冷落你超过3天，可能是你一不小心忽略了他。

男人在爱情里也是会有很多小技巧的，忽然对你冷落，其实不是他不爱你了，只是他觉得在你那里得不到足够的重视。爱你的男人是很有耐心的，他如果爱你不会冷落你超过3天，男人是很爱面子的，就像女人天生爱美丽一样，但如果长时间地不理你，你不理他他就不理你，这种死要面子的男子，他根本就不爱你，他爱的是他自己。

当他冷落你的时候，你要想想是不是哪里忽略了他，或者是什么事一不小心伤到了他。他不理你了，他也在时刻关心你的动态，关注你朋友圈的一举一动，一点点消息都会让他激动不已，这个时候如果你爱他，就给男人一个面子，这样他也会在以后的日子里更加重视你、疼爱你的。

2.不会让你哭

好男人不会让自己心爱的女人流一滴眼泪。只要他爱你。

男人在很多时候也不是那么坚强，但他一定不会在自己的女人面前懦弱。男人顶天立地，他可以为自己的女人努力拼搏，自己强大起来，不会让自己的女人流一滴眼泪。

好男人不会让自己的女人流一滴眼泪，生活中女人遇到问题总会流眼泪，这个时候男人是关键，要给自己的女人一个安全的港湾，要让她知道无论何时你都会在她身边，让她安全感满满。

好男人绝不会像一阵风一样，吹过就没了，女人需要的是你的停留，一辈子的守护，在她需要你的时候挺身而出，给她最及时的关怀和安慰。

俗话说得好，最珍贵的眼泪，不是能化作钻石的眼泪，而是不会落下的眼泪，因为珍惜你的人，不会让你哭。

3.你是最好的

情人眼里出西施，爱你的人，在他眼里你永远是最好的。

即便女人的容貌再普通，也会希望自己在男人心中是最美的。而男人虽然好"色"，但对美的定义也不仅仅只局限于女人靓丽的外表。

内心的美丽，只能在以后的日子里慢慢发现，只有共同经历了，才会彼此永不分离，而你在他眼里也会是更加珍贵的，你就是他眼里最好的。世上每个人都不是十全十美的，都有很多的缺点和不足，爱一个人不是只在乎外貌，而是两个人之间共同的欣

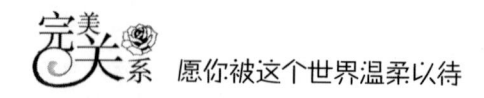

赏和爱慕，爱她就需要包容她爱护她。

生活中，即使你有许多的缺点和毛病，他都会把你当作最可爱的人。

4.不会让你减肥

爱你的男人，不会在乎你的身材的，更多的是关心你的健康。

肥胖是每个女人的大忌，身上稍微长一点点肉就会紧张到不行，而且现在的女人几乎在吃饭的时候，都少不了"减肥"两个字。爱你的男人一定不会在乎你这些的，他只会关心你吃饱了没有，在他心里你的健康才是最重要的。

比如，你最近食欲大增，体重增加了很多，你觉得他一定会嫌弃你，这个时候你放心，爱你的男人根本不会在乎你有多胖的，相反，他会给你买很多好吃的，生怕你饿肚子，不但不会嫌弃你，还会说："一点都不胖啊，就算是胖胖的也挺好啊，胖女人才有福气啊，腰上的肉，那叫腰缠万贯。"

如果你一味地减肥，他会担心你的身体，看见你满头大汗的锻炼，他也会特别心疼，看见你每天就吃一点水果，痛苦地饿着肚子，他还会跟你发脾气。

在婚姻中，女人没有必要为了谁减肥，只要身体健康就好。当然，如果男人看中的不是你这个人，而是你的身材，那么这种男人不要也罢。

5.睡觉时会抱着你

一个情不自禁的小动作，都能反映一个人心底最真实的声音。

男人也是很简单的一种动物，爱你就会情不自禁地表现出来。心理学家表示："一个抱着你睡的男人一定是爱你的。"抱着你睡，表示这个男人从心底就有一种要保护你的冲动，关于这种方式，心理学家也分析了各种睡姿，从健康角度来说，超过一半的人睡觉会朝向右侧，因为朝向右侧不会压迫心脏，更不会造成彼此的压力。

如果一个男人喜欢从后面抱着你睡，那证明他对你有一种保护呵护的欲望，更多的是对你的疼爱和怜惜。

如果他喜欢抱着你睡，那你一定不要拒绝，除非你有特殊情况，那样的话你一定要跟他说，相信他也会理解的。晚上抱着你睡的男人，一定是爱你的，一定要好好珍惜。

我爱你，但和你无关

"我爱你，但与你无关"，是一种最纯粹的爱情，是以希望对方快乐而完全没有拥有对方的期待为前提的爱情。

爱情有时候真的只是一个人的事情，无论你怎么对我，我都不会后悔。

在很多文章中，金岳霖对林徽因的痴情是唯美而遗憾的，是对爱情最无私的成全。

1931年，在徐志摩的引荐下，金岳霖走进了总布胡同，成为文艺沙龙"太太的客厅"的座上客。在这里，金岳霖遇到了此生的最爱——林徽因。

林徽因出身名门，才貌双全，金岳霖对她的谈吐才华一

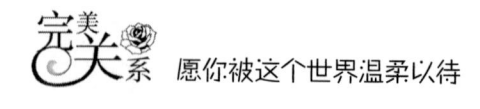

见倾心。可惜，此时林徽因已经是梁思成的妻子了。

而林徽因对金岳霖也有好感，她苦恼地对丈夫坦白："我苦恼极了，因为我同时爱上了两个人，不知道怎么办才好。"

听完妻子的话，梁思成非常震惊，他终夜苦思，一遍又一遍地问自己："林徽因到底和谁在一起会比较幸福？"第二天，梁思成面带憔悴地对林徽因说："你是自由的，如果你真的选择了老金，我祝愿你们永远幸福。"

林徽因将这些话转述给了金岳霖，金岳霖思索良久之后却弃权了，他说："看来梁思成是真正爱你的。我不能去伤害一个真正爱你的人。我应该主动退出。"

主动退出后，金岳霖对林徽因一直保持着柏拉图式的爱情，后来还把家搬到梁家附近，"择林而居"，经常到梁家去做客，并说自己"一离开梁家，就像丢了魂似的"。

林徽因51岁时因病去世，金岳霖听到这个消息后，开始时沉默不语，过了一会儿悲痛地说："林徽因走了！"说完便号啕大哭。

后来在林徽因的葬礼上，金岳霖送给她的挽联，就是大家耳熟能详的"一身诗意千寻瀑，万古人间四月天"。

7年后，梁思成已经再婚，而金岳霖依旧孑然一身。有一次，金老在北京饭店请客，老朋友们收到通知纷纷赶来，人都到齐了之后，他这才宣布："今天是林徽因的生日。"

有句古诗里说，"还君明珠双泪垂，恨不相逢未嫁时"。人生就是如此，有些人，我们相见恨晚，可错过了，就是一辈子。

而在现实生活中，我爱你，当然也希望你爱我，彼此相爱，是最完美的状态。可是爱情并不是一本感情账,永远没有那么对等,不是说我爱了你,你就一定要回馈给我对等的爱。

爱情本来就简简单单,简简单单地去爱就好了。我爱你了,真的和你没关系。

和谐关系来自简单而随意

夫妻是婚姻的主体,男女之间能够结为夫妻,是非常不容易的。

恋爱的时候,我们彼此之间亲密无比,男方是女方眼中最英俊的男人,女方是男方眼中最美丽的女子,但大多数人的感情在结婚后就归于平淡了。

对于这样的问题,我们不必感到意外,因为这是非常正常的事情。

恋爱的时候,只存在爱情,会把对方当作最美好的人。结婚以后,除了爱情以外,还存在着亲情。在婚姻里,我们要考虑的问题不仅局限于彼此,还涉及两个家庭,而当有了孩子以后,需要考虑的问题就更多了。

婚姻生活就像一场电影,恋爱只不过是电影的开场白,随着时间的推移,两个人会面对许多家庭问题,彼此的观点和态度也会产生分歧,看待事物的角度也会越来越复杂。这是爱情慢慢向亲情转变的一个过程。

那么,夫妻关系如何保持和睦呢?有人说,清官难断家务

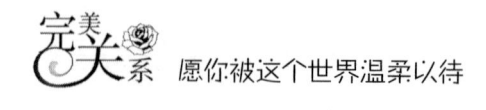

事，但其实问题很简单，只要做到这3点就够了。

1. 学会理解和包容，不因一些小事而争吵

人是有主观意识和思想的动物，两个人结婚以后，整天面对彼此，争吵是避免不了的。但很多人却缺乏思考，我们的争吵究竟起源于何处？其实答案很简单，大家的出发点是一致的，那就是维护这个家庭。只不过做事的方法、看待事物的观点不一样。

娘家母亲生病入院了，妻子要拿出10000元支付母亲的住院费，丈夫却不同意。因为住院费总共就12000元而已，丈夫的意思是让娘家的大儿子也出一半的钱。妻子却认为，她的大哥今年准备买车，她不想让大哥产生经济负担，况且照顾母亲也是她的责任。丈夫听完这番话，心里就不高兴了。丈夫还没买车，两个人今年刚刚买了房子交了首付，以后他们的经济压力也不小，凭什么要先照顾她大哥的感受？

类似这样的事情很多，夫妻各自的观点表面上看起来都很有道理，那我们要如何权衡呢？当你生气的时候，你应该平息一下自己的心情。用咄咄逼人的口气说话并不管用，解决问题的方法是把大家召集起来，静静地坐下来好好分析一下。作为大儿子，照顾母亲的责任肯定是不可推卸的，如果他现在没有钱支付住院费，那女儿可以先帮忙垫付。但大儿子必须要在未来经济条件允许的情况下，偿还妹妹一部分费用。

2. 保持乐观的生活态度，减少乏味的抱怨

在婚姻中，要想生活得幸福，首先就要端正自己的心态。面对问题的时候，积极乐观的人可以处理得更好。

在社会上，丈夫和妻子是两个独立的个体，拥有着不同的朋友圈和工作圈。而回到生活中时，丈夫和妻子又是一个整体，经常会交流一些社会上发生的事情。

例如，妻子跟丈夫抱怨，我的闺密嫁了一个有钱的老公，现在她连班都不用上了，整天在家里享受美食，偶尔还能出门旅行摄影，你再看看我，每天起早贪黑地上班，同样是女人，为什么我的生活会如此艰难呢？

这样的例子比比皆是，主要是因为夫妻之间没有达成一致的生活态度。当你羡慕别人的时候，你是否曾经想过，在这个世界上有多少人还在羡慕你呢？生活是一场戏，而我们就是戏里的男女主角，我们的使命是让我们的生活过得更美好，而不是去羡慕别人。如果你对婚姻存在疑虑，那你当初为何要选择跟对方结为夫妻呢？凡事要往好的方面去想，这个人肯定有吸引你的地方，而作为夫妻，你的职责是去挖掘对方的优点，而不是去不断发现对方的缺点和不足。

3.加强沟通，减少夫妻间的冷战

在婚姻里，善于相互沟通的夫妻往往生活和睦，因为他们会及时地解决问题，而不是让问题扩大化。

多数男女都经历过夫妻冷战，两个人都不服输，都要求对方先示弱，结果非但解决不了问题，还让问题越来越严重。有的夫妻还拥有各自的闺密圈和兄弟圈，他们宁可跟自己的朋友伙伴讲述那些不愉快的事情，也不愿意夫妻两个人坐下来好好谈谈。

发生矛盾的时候，应该先让自己冷静下来，然后站在对方的角度去思考问题，不要一味地放大自己的想法。冷静过后，可以先主动示好，跟对方坐下来交流一下，两个人可以解决的问题没必要牵扯外人。跟朋友倾诉夫妻问题的时候，只能发泄一下自己的情绪，可以缓解你自己的精神压力，却对解决问题起不到关键作用。

完美关系 愿你被这个世界温柔以待

爱情如戏,你必须遵循规则

爱情不过是一场游戏,即便是再聪明的玩家,也要遵守游戏规则,忘记规则,忘记距离,受伤害的只有自己。这个规则,不外乎是一种若即若离的度,懂得吸引男人,而不是控制男人,懂得拿得起放得下,而不是沉沦于爱河无法自拔。给彼此一点儿空间,爱情或许才会更美好。

没有规矩不成方圆,爱情也是如此。两个人因为充满激情的感觉而开始,长久的相处需要两人彼此的包容和克制,自我的约束,才能让感情健康如常青树一般地发展下去。男女之间的爱情,就像骑双人自行车,在前进的过程中,只要有一个人没有掌握好平衡,就无法顺利前行。

两个人各自都会有来自不同原生家庭成长所积累的生活习惯、性格行为、价值观,等等。如果不事先做一个规范,很有可能会引发彼此的情感危机。所以,恋人之间彼此约法三章,约定一些公正公平的相处规范,就很有必要了。

下面是一些给情侣之间的建议,当然具体问题还是要具体分析,除了以下几点,情侣们还可以根据自己的实际情况来制定相处规则。

1. 要学会控制自己的情绪

最难好的伤是"心伤"。肉体上的伤痛可以通过药物治疗来慢慢愈合。而心灵上的伤害,则有可能永远不会痊愈。有时候最锋利的并不是刀，而是伤人的话语。不论在什么情况下，情侣之间都不应该恶语相向。你们是彼此中意的人，相当于这个世上除了父母亲人，你们最亲密的人就是彼此。这样亲近的关系，不论发生怎样的摩擦，都是不应该用话语去伤害侮辱对方的。祸从口出，说出去的话永远没办法收回来，必须要学会克制自己的怒气。

2. 不要约会迟到

守时不论是在任何事上，都是必须要遵守的，它代表着对人的尊重和重视。约会亦是如此，如果偶尔有特殊情况，迟到了，没关系。但是如果是故意为之，对方就会很伤心很难过了。精心准备的见面，满怀期待的约会，却不被对方所重视。三番五次地忘记时间地点，迟到甚至推脱，即便对方再喜欢你，在这时候也会心凉。重视一个人，喜欢一个人，就要从这些小细节做起，给对方一个不会迟到的约会吧。

3. 不要瞒着对方去和其他异性约会

这种行为的恶劣程度仅次于出轨。"瞒"这个举动，就证明你的心中是不坦荡的，心中不敢公开你与另外一位异性的关系，那就很有可能发展成出轨，甚至酿成大祸。所以，如果必须和其他异性出去见面，一定要提前和自己的恋人报备。一是可以让对方放心，自己没有什么隐瞒；二是让自己心中提起双倍的重视，这样才不会出差错。

4. 不要总是忘记联系对方

总觉得恋爱关系已经确立了，就不再像两人最初阶段那样频繁地交流和沟通了。平日里总是以自己工作忙、没有时间为借口，不给对方发信息打电话。这种恋爱以后忽略对方的行为，长此以往，会让彼此的感情变得疏离。情侣之间，唯有保持高频率

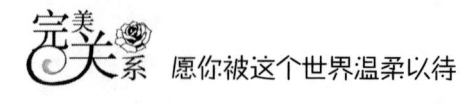

的沟通和交流,才能让感情越来越深厚。

  行走在公路上的交通工具和人,都必须要遵守交通规则,恋爱中的男女也需要遵守彼此的恋爱规则,犯错可以原谅,但是放纵对方一直犯错,一直让错误"逍遥法外",最终受伤的只会是你自己和你们之间的感情。

第三章
因为痛，所以叫青春

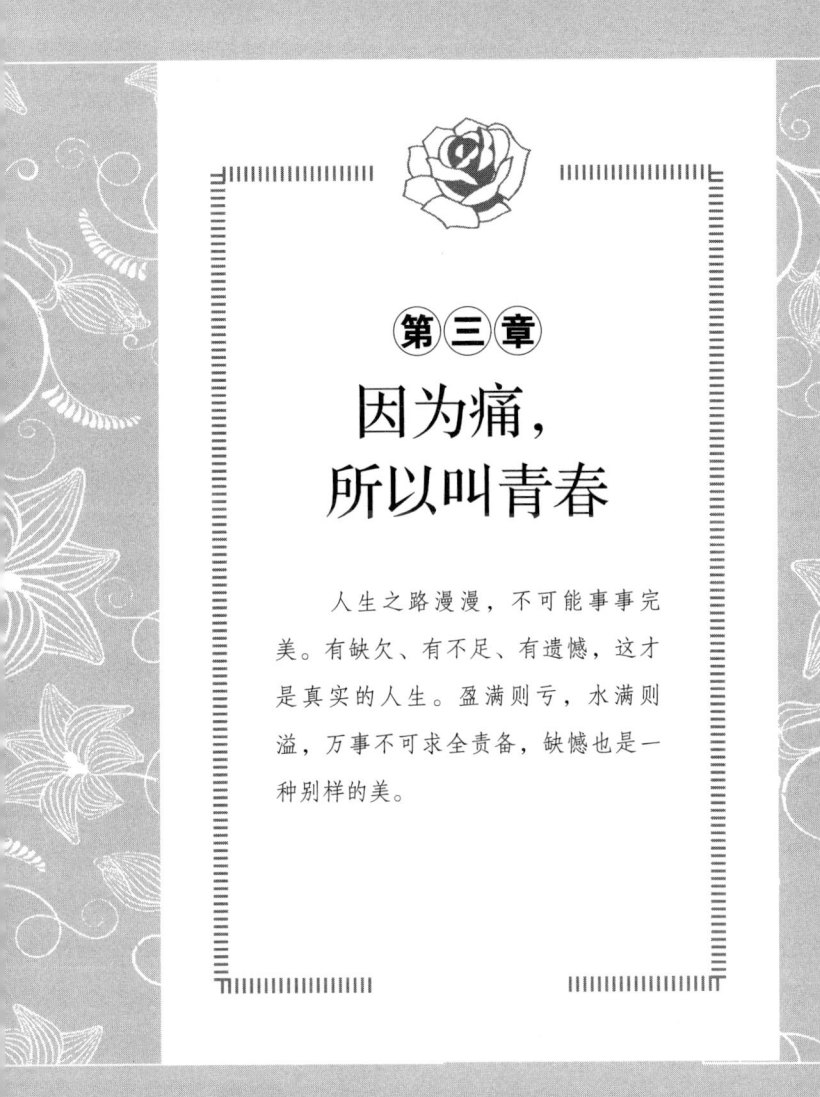

人生之路漫漫，不可能事事完美。有缺欠、有不足、有遗憾，这才是真实的人生。盈满则亏，水满则溢，万事不可求全责备，缺憾也是一种别样的美。

第三章 因为痛,所以叫青春

爱情没有永久保证书

每一段感情都很美,每一程相伴也都令人感动,不能拥有的遗憾让我们更清楚地认识自己,夜半无眠的思念让我们更加留恋。

感情没有答案,苦苦地追寻并不能让你更加幸福。也许,一点遗憾、一丝伤感,才是真实的生活。收拾起心情,继续上路,错过花,你将收获果实,错过她,我才遇见你。继续走吧,你终将收获自己的美丽。而爱情,一直都在。

有一位男士饱受前女友的骚扰。所有的亲戚朋友都遭到了这位不甘离去的前女友的骚扰。后来,在男士亲自去恳谈和解时,他才发现,原来他的前女友早已经有了新的恋人……她自己已经另有新欢,但就是不肯放过前任。新的已来,旧的却还迟迟不肯放手。

一个永远不想失去你的人,未必是爱你的人,未必对你忠诚,很多时候,他们都只是拥有极强的占有欲,正是基于这种近乎变态的占有欲,他们才会做出各种极端的事情,还如此理所当然。

心中如果有这种偏执与占有欲,越想要获得爱的永久保证书,越会逐步偏离自己的初衷。

谁说喜欢一样东西就一定要得到它。有时候有些人为了得到他喜欢的东西,费尽心机,更有甚者可能会不择手段。也许他最

后真的得到了喜欢的东西，但是他在追逐的过程中，失去的东西也许更加珍贵，他付出的代价是所有得到的东西都无法弥补的。

喜欢一样东西不一定要得到它，给它自由或许是对它最大的仁慈。

再者，有些东西是"只可远观不可以亵玩的"一旦得到，日子一久，可能会发现其实它并不如你想象中的那般美好。如果再发现失去的和放弃的东西其实更加珍贵，一定懊恼不已。所以，喜欢一样东西时，得到它或许不是它最好的去处。

谁说喜欢一个人就一定要和他在一起。有时候，有些人，为了能和自己所喜欢的人在一起，不惜用极端的方法来挽留爱人。也许这些做法留住了爱人的人，但是却留不住爱人的心。更有甚者，为此而赔上了自己的生命，这样可能会唤起爱人的回应，但是带给他更多的其实是深深的伤害。

喜欢一个人并不一定要和他在一起，虽然有人常说，"不在乎天长地久，只在乎曾经拥有"，喜欢一个人，最重要的是让对方快乐，因为他的喜怒哀乐都会牵动着你的情绪。

"你快乐，所以我快乐"，当你喜欢一个人时，悄悄爱着，也不失为最明智的选择。

爱情，是自由的，爱情绝对是个人的事，最多是双方的事，爱与不爱，爱谁，不需要也不可能用一纸保证书来鉴定、约束；爱情是一种感觉，刻骨铭心也好，云淡风轻也罢。或是激情倾泻一见钟情；或是细水长流日久生情。爱情中不变的，永远只是一种表达，用言语，用神情，用相思，用行动，用思想。爱情来了就来了，阻挡不住；去了就去了，挽留不了。

爱情，山盟海誓不是它，信誓旦旦不是它，事先预定不是它，讨价还价也不是它。它首先不是获取，而是付出，既非被迫,也谈不上奉献,而是基于一种个人身心表达的需要,表达必须要表达的那种感觉……一纸保证书又能保证得了什么?

每个爱情故事,都让人刻骨铭心

每份爱情,都是一个情关。很多人都迈不过情关,而聪明的人,则会在别人的伤痕中,看见智慧的光,让自己的爱情顺利过关。

你给我锦绣人生,我还你至死不渝。许多爱情其实都是相互成全。

潘玉良自幼失去双亲,沦为孤儿,只得去投奔舅舅,14岁的时候,嗜赌成性的舅舅竟然把她卖给了妓院,她不断逃跑不断被抓,甚至绝望自杀过,最终还是被人救了下来,卑微地在那里过着暗无天日的生活,当时她的心里只有两个念头:一是自己攒钱赎身;二是希望有贵人能救她逃出火坑,这是她活下去的唯一信念。

17岁那年,潘玉良认识了芜湖海关监督潘赞化,两人惺惺相惜、坠入爱河,虽然潘赞化年龄比她大很多,也早已有了妻室,两个人还是顶着各方面的压力,结婚并移居上海,潘玉良的人生也从此改变。潘玉良收获的不仅仅是爱情,还寻觅到了让她钟情一生的事业,成为著名的旅法画家。

完美关系 愿你被这个世界温柔以待

这就是大画家潘玉良与官员潘赞化的爱情故事,两个人的爱情不仅仅是彼此相守,更是彼此成全,完全可以用"你给我锦绣人生,我还你至死不渝"来概括。

如此美好的爱情并不太多,世上还有很多感情,在外人看来是可笑甚至可悲的,究其原因,还是因为他们迈不过情关,在爱情里,真的是酸甜自尝、冷暖自知。

张幼仪出生于名门世家,本人也接受过良好的教育。徐志摩家中世代经商,资产丰厚,这样的婚姻可谓是强强联手,然而婚姻中的他和她,却成了最熟悉的陌生人。徐志摩受西方思想的影响,想要的是自由恋爱,厌恶这种旧式的包办婚姻;他想要风采奕奕地拥有自由思想的女子,并厌恶地称张幼仪为"土包子"。

当张幼仪生下长子阿欢,自认完成传宗接代任务的徐志摩,迫不及待地离家求学,并在异国爱上了林徽因。为挽救婚姻,张幼仪出国与徐志摩团聚,但无论她何等贤淑,何等聪明,也敲不开他冷漠的心门。她将自己低到了尘埃里,委曲求全,换来的是他的不看、不听。

在徐志摩不顾张幼仪怀孕还提出离婚后,张幼仪在离婚协议上签了字。随后张幼仪自学德文,后来进入裴斯塔洛齐学院专攻幼儿教育,并获得硕士学位。

1926年,张幼仪回到上海,经过凤凰涅槃的张幼仪,渐渐找到了属于自己的舞台。她先是在东吴大学教德语,继而又出任上海女子商业银行副总裁,经过1年的时间,她使原本亏损严重的银行第2年便扭亏为盈,银行3年后资本超2000万元,几乎创下金融界的奇迹。

而张幼仪的另一个身份,是云裳公司的总经理。云裳服装以经营时尚服装为主,它让张幼仪的名字在当时的时尚圈里广为流传。当年徐志摩嘴里的"土包子",引领了上海甚至整个中国的时尚潮流。

张徐两人其实并不是爱情,因为爱是双方的付出与经营。张幼仪最初的痛苦与纠结,只是因为她迈不过情关。

爱情就像你脚下的鞋,外表光鲜没有任何意义,舒服还是不舒服,只有穿鞋的人自己才知道。你在别人的爱情里,只是一个不远不近的路人甲。

爱情和大多数情感一样,如人饮水,冷暖自知。如果你身边的天造地设的一对有一天分手了,你要感谢岁月宽容,让他们有机会再次拥有得到幸福的机会。而你,也不要对爱情失望,因为"不爱"也是一种爱,因为每一份爱情都不一样,是对自己最大的宽容与和解。

因为痛,所以叫青春

我们生活中所有的困难,都可以让我们变得更加坚强。而时间,就是治愈伤口的良药。

那些曾经以为无法忘记的青春感伤,只要不故意去揭开伤疤,疼痛总会随着时间的推移而治愈……而我们都是这样,一边遗忘,一边生活。

完美关系 愿你被这个世界温柔以待

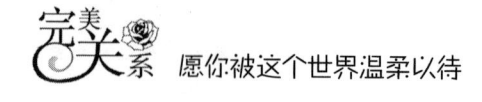

青春给人的并非压力,并非永无止境地学习,而是看不到未来的不安感。

人生从不嫌太年轻或太老,一切都刚刚好。

青春之所以艰难,是因为孤独。也许你经历过最糟糕的一天,让你想要放弃整个人生,但就是这一天,对于某些人来说却可能是一辈子的奢望。

电影《致我们终将逝去的青春》用不一样的青春,解读着来自青春的疼痛。

18岁的郑微终于考上了青梅竹马邻家大哥哥林静所在学校的城市,等她满怀期冀地步入大学校园,却遭遇了致命的打击——林静出国留学,然后杳无音信。

郑微倍感失落,情绪低落时与室友阮莞、朱小北、黎维娟及师哥老张结下了深厚的友谊,同时高富帅许开阳对郑微展开了疯狂的追求,而备受男生欢迎的阮莞用她特有的清冷守护着对于心爱人赵世永的忠贞。

一次偶然的误会,让郑微与老张的室友陈孝正结为死对头,在一次次地反击中,郑微发现自己爱上了这个表面冷酷、内心善良的高才生,于是,疯狂地反击演变为疯狂地追求,而陈孝正也终于在郑微的强攻之下缴械投降,欢喜冤家终成恋人。

大四毕业之际,郑微的生活再次经受爱情的考验:陈孝正得到了一直单恋他的同学赠予的出国留学名额,却迟迟不敢告诉郑微,最后郑微知道真相,感觉再次被欺骗的郑微痛苦地离开陈孝正……

毕业后,郑微已蜕变为职场上的白领丽人,命运竟又一

第三章 因为痛，所以叫青春

次和她开了一个玩笑，竟然再次揭开她感情上的伤疤：带着悔意和爱意的林静和陈孝正同时回到了她的生活里！

郑微的室友阮莞是校花级别的美女，是很多男生心目中的女神。阮莞和男友赵世永是相处了好几年的男女朋友，在感情中，阮莞无微不至地照顾赵世永，赵世永却在喝醉的时候与一名女生发生关系，强忍着难过的阮莞陪那个女生去医院打胎。因为她太爱赵世永了，阮莞对这件事情既往不咎。

毕业后，由于家人的反对，赵世永不够坚决的态度让阮莞绝望地提出了分手。而当阮莞终于找到了真正爱她的人准备结婚的时候，却接到了前男友赵世永的电话，这个懦弱没担当的男人约阮莞一起去看演唱会，为了缅怀这一场多年的爱恋，阮莞同意了，却在去演唱会的途中遭遇了车祸，香消玉殒……

这份青春的故事，两段感情都让人感觉到惋惜，也让人感觉到很哀伤。或许每个人对青春的解读都不同，每个人所遭遇的青春故事也都不一样，但青春平淡、快乐、美好，才是真。

青春，有迷茫，有彷徨，有难过，有痛苦，有孤独，有纠结。也会有让你感觉到压抑的黑暗。可是，正是因为有这些的存在，我们才能慢慢学会追逐自己的梦想，慢慢学会去爱别人也爱自己，慢慢了解友情的真谛，会在孤独里学会安静地去思考，也会在纠结中作出属于自己的选择。当你身处黑暗，甚至还可以学会安静地等待黎明的到来。而那黎明的到来，将是给你最好的奖赏。因为痛，所以它才叫作青春。

每个人都有自己的青春，青春是什么？青春是一首歌，用跳跃的音符拨动着年轻的心弦；青春是一本书，用有趣的故事启

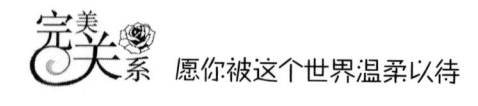

迪着心灵的智慧；青春是一个梦，用小说的情节折射出现实的伤痛。

青春里的疼痛是成长的美丽，成长中的疼痛不是用泪浇灌的，它是用磨炼与挑战来回答的。疼痛不在于它伤得有多深、多重，而是你能从中领悟到多少、获得多少成长。

疼痛中的成长是美丽而伤感的诗篇，谁没有过年少轻狂，有些东西不是花季的年少无知，也不是雨季的烦躁不定，而是成长中的一种经历，一种不可理喻的美丽。

成长中的疼痛需要经过千锤百炼，在不折不挠的洗礼中才能变得更加美丽动人。的确，在生活中存在着很多让人感到累、伤、愁的事情，只有这样，人才能大步向前，走最重要的一步。经受住一次次的疼痛，你才会更加强大，在真正的挑战中成熟起来。

让成长带你穿透迷茫

"你能告诉我，我该走哪条路吗？"爱丽丝说。
"要看你想去哪儿了。"神秘猫说。
"我并不是很关心去哪儿。"爱丽丝说。
"那么，你走哪条路都无关紧要了。"那只猫说。

——《爱丽丝梦游仙境》

人在每个阶段都有每个阶段的迷茫，因为没有一个人能知道

第三章 因为痛,所以叫青春

你这辈子到底会干什么。但在迷茫的时候依旧要保持进步,保持进步就相当于积累了未来改变自己状况的弹药,让你在状态不对时也能很好地调整自己。

人最重要的是不要放弃自己,只要你对现状不满意,并为此做出努力去争取,就一定能改变自己的现状。

原一平是最伟大的推销员,是日本历史上签下保单最多的保险推销员。而他的身高只是1.53米,外表也其貌不扬,在这个看脸的社会,为什么他能取得如此傲人的成绩呢?

原一平在当保险推销员的前半年里,他很努力地工作,却没有为公司拉来一份保单。生活困窘的他甚至没钱坐公交车,没钱吃饭,没钱租房。每天清晨,他都会从公园的长椅上"起床",他会向每一位他遇到的人微笑。

有一天,一个常去公园的老人对原一平的微笑产生了兴趣,他不明白一个连饭都吃不饱的人为什么总是那么快乐,于是便和他交谈起来,这位老人最终被原一平的微笑所感动,愉快地答应买下他的一份保单,这是原一平进入保险公司中签下的第一笔业务。

后来,这位老人又把原一平介绍给很多朋友,原一平的微笑和乐观的心态感染了越来越多的人,他的业务也越做越大,终于在日本创下了保险业务的最高纪录。

成功,是留给那些不轻易放过自己的人的。如果你不放弃自己,成功就不会与你擦肩而过,相反,还会特意眷顾你。

有一个小孩,出生在美国的一个黑人家庭,他的父亲是个水手,每年都在世界各地的每个港口,一家人生活得异常艰辛。他在贫困中渐渐长大,内心因穷困产生了强烈的自卑感,他认为像自己这样贫穷的黑人孩子是不可能有出息的。于是,他整天浑浑噩噩地得过且过。

在他9岁那年的一天,父亲对他说:"我要带你出去见识见识外面的世界,我希望你未来的生活不要像我一样,你应该做点儿有意义的事。"男孩点头答应了,但父亲的话并没有打动他。

几天后,父亲带男孩去参观了大画家梵高的故居,他看到的是一间破旧的小房子,房子里有一张十分破旧的木床,还有一些零乱的生活用品,特别是梵高生前穿过的那双皮鞋,鞋的前面已经破得开了口……他感到迷惑不解,问父亲:"梵高不是世界上著名的大画家吗?他难道不是百万富翁吗?"父亲说:"梵高的确是世界上著名的画家,但同时,他也是一个和我们一样的穷人,而且是一个连妻子都娶不上的穷人。"

后来,父亲又带男孩前往丹麦,参观了安徒生的故居,这次参观同样给男孩带来了巨大的震撼。男孩读过《安徒生童话》里的很多故事,故事描述了很多金碧辉煌的宫殿,所以,他认为安徒生的住所一定也是富丽堂皇的宫殿。然而,他看到的只是一栋残破的小阁楼。父亲看出了他的疑惑,对他说:"安徒生是个泥瓦匠的儿子,他就住在这栋残破的阁楼里。皇宫只在他的童话里才会出现。"

这两次参观对男孩的触动很大,他的人生观也由此发生了改变。他得出一个结论:人能否成功与贫富、地位毫无关系。

第三章　因为痛，所以叫青春

从那以后，他下定决心要做出一番事业，成为一个有成就的人。凭着自己的努力，男孩克服了前进道路上的种种困难，成为一名记者。在新闻报道上，他不断地挑战自己，很快就脱颖而出，成了一名业界著名的新闻人。多年以后，他终于迎来了事业上的巅峰时刻，成为美国历史上第一位获得普利策新闻奖的黑人记者，他就是伊尔·布拉格。

谈到自己的成功，获得过英国首相亲自颁发柯普利奖章的亨利·布拉格颇有感触地说："一些出身卑微的人之所以没有取得成功，是因为他们看低了自己。其实，在上帝眼里，身份高贵的人和身份卑微的人是没有区别的。身份卑微的人通过努力，同样可以取得成功，上帝是不会放弃任何一个人的，只要你自己不放弃自己。"

亨利·布拉格小时候学习非常刻苦，后来被保送到威廉皇家学院。在学院求学的年轻人，大多是富家子弟，衣着很考究，只有亨利·布拉格家里很穷，连买一本书都非常困难，因而他根本没有钱去买新衣服，他总穿着一件破旧的衣服，拖着一双比他的脚大得多的破旧皮鞋。

尽管布拉格是个品学兼优的学生，但还有一些纨绔子弟不仅讥讽他，而且还诬蔑他那双又大又破又旧的皮鞋是偷来的。

一天，布拉格被学监叫到办公室，他可不希望学校里有个小偷存在。他面孔铁青，两眼怒视着布拉格脚上的那双破皮鞋。

布拉格已明白学监的意思，他没作声，默默地从怀里掏出一张起毛的纸片，交给了学监。学监看着看着，怒气全消了，并面带笑容，当他看完后，把手放在了布拉格的肩上，深有感触地说："孩子，对不起，我误解你了。你的父亲虽然贫穷，但他对你满怀希望。有一位好父亲，就是一笔巨大的财富。你不要辜负他的希望，我也会尽全力帮助你。"布拉格委屈的泪水流了出来。

原来布拉格拿出的纸条是他父亲写给他的信："儿啊，真抱歉，但愿再过一两年，我的那双破皮鞋，你穿在脚上不再嫌大……我抱着这样的希望——果真你一旦有了成就，我将引以为荣，因为我的儿子正是穿着我的破皮鞋努力奋斗成功的……"

贫穷也曾使他对生活抱怨和沮丧过，但父亲的信和老师的话使他变得更加发奋努力。就这样，布拉格穿着父亲的这双又破又旧的大皮鞋完成了自己的学业。

后来布拉格的父亲在放射线研究等领域获得了巨大的成就，成为著名的科学家。而他教育儿子也同样秉持着刻苦学习，努力不懈的态度，使儿子24岁就成了剑桥研究院院士，并与他的儿子于1915年双双获得诺贝尔物理学奖。

爱上一个人还是爱上爱情？

爱上一个人，你会发自内心地想要注意她、了解她、关心她，那个人在现实中是很实际化的，能够看得见、摸得着的东西，跟她在一起的过程就是爱情。

爱情其实是一种感觉，爱上爱情，打个比方就是：你跟她分手了，去追求另外一个女孩，又分手了，再去追求另外一个女孩，追来追去的过程就是爱上爱情。爱上爱情是爱上那个过程，而爱上一个人则是心有所属。

女孩高中的时候暗恋过一个男孩，只喜欢偷偷看着他，看他在足球场上活跃的身影，看他教室里认真聆听的神情，看他的笑，看他的恼，看他的孤单与烦躁，看他的欢喜与落寞，唯独不敢直视他的眼睛，因为害怕心事暴露。

暗恋是一种微酸的甜蜜。女孩为了能够看到他，每天都早早起床上学，只为了和他同乘一辆公交车，业余时间也会积极地去操场跑步，只为看他在操场上生龙活虎打球的样子，因为有了这份希冀，生活变得有意思起来，高三忙碌的学业也变得充满希望。

后来，女孩高中毕业，顺利地考上了心仪的大学，男孩去了很远的地方的另一所大学，这份暗恋也就真的无疾而终了。

再怎样的爱，如果不再相见，不再有消息，都会慢慢变淡。开始的时候，女孩还会通过其他的同学去打探对方的消息：他恋爱了，他失恋了，他得了奖学金，他出去勤工俭学了……可后来慢慢地，她也忙起来了，不再有时间一直去关注对方，到大三时，女孩和他几乎失去了所有联系。

女孩习惯了和身边的朋友一起生活，也很久再没遇见让她第一眼就心动的男孩。

大学的时光转瞬即逝，然后是研究生。身边的同学渐渐

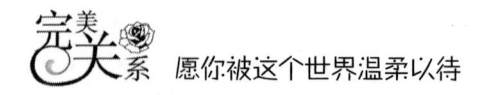

都有了男朋友，高中的同学很多也都订婚结婚了，还有的很快有了孩子。女孩忽然觉得自己是那么的孤单，好像身边所有的人都修成了正果，只有她看不到未来。

黑夜的时候尤其孤单，在周围没有人的时候，在周末四周冷冷清清的时候。

有时候并不觉得遗憾，因为自己不愿意去将就一个不爱的人。

有时候女孩心里也会想，如果有个男朋友在身边听我说话，该多好。

后来女孩出了国，一切都是新鲜的，在陌生的国度一切都茫然未知，女孩忘记了孤单。

他是女孩语言班的同学，来自一个热情的国度。他比女孩小两岁半。女孩忽然就喜欢上了他，喜欢看他长长的睫毛，喜欢他孩子气的样子，喜欢他沉默害羞的小表情。

每次看到他，女孩都很高兴，并不一定要和他说话，只要远远看见他就好。不见面的日子，女孩又会经常想起他。女孩觉得，或许是太寂寞了吧。自己究竟是爱上了他，还是爱上了爱情呢？

真正爱一个人，不可能别无所求。
在你的定义中，爱情是什么？
爱上爱情和爱上一个人，有区别吗？
你是否还相信爱情？选择相信爱情，或者不相信爱情，对一个人生活会产生怎样的影响？
对于相信爱情和不相信爱情的人，你分别会对他们说什么呢？

心理学家沙利文对爱的定义是:"当另一个人的安全与满足,变得和自己的安全与满足一样地重要的时候,爱就存在了。"爱情特别不好定义,若一定要给个定义,爱情是两种感情的碰撞,也可以是两性相互喜欢对方过程中所产生的一种依恋情绪。

爱,是一种能力。说得再具体一些,爱是一种爱人爱己的能力。有了这个能力,你就可以收获并享受爱情。

爱上爱情,是一种美妙的感觉。爱上一个人,意味着愿意为这个人的幸福付出。在日常生活中,很多人都相信爱情,也就是沙利文说的那种爱情的存在,也相信弗洛姆说的"爱是给予、照顾、责任、尊重以及了解"所以爱情是存在的。之所以相信,是因为很多人体验到了这样的爱情的美好;也相信,在日常生活中不乏这样的爱情,以及有这种爱情的婚姻。

选择相信爱情或选择不相信爱情,对一个人会产生不同的影响。如果不相信爱情,或许有自己不信的诸多理由,最基本的理由是来自经历过的情感伤害,但以过去经验决定现实是不理智的,只会让自己画地为牢,不愿接受新的可能和新的机会。

选择相信爱情,是另一种人生体验,体现了人与人之间的信任,内心的感受是愉悦和自信的,这个状态本身就是一种悦纳自己悦纳别人的状态,是积极的人生态度。至少,选择相信,得到的可能性会更大。

人们都相信这样一个道理:机会是留给有准备的人的。

再深厚的爱，也禁不起碎碎念

无论是在爱情还是在婚姻生活中，唠叨都是抹杀感情的利器，但是唠叨好像成了女人的"专利"。不爱说话的女人让人觉得无趣，话太多的女人则让人感到厌烦。当男人厌恶了妻子的唠叨，坚决要离婚，该怎么办？

周兵刚认识丽萍时，觉得她像一朵莲花，安安静静，斯斯文文。恋爱初期，丽萍的话语不多，温柔可人。可是婚后刚过了1年，周兵就渐渐发觉，本来情意绵绵的妻子，渐渐变得爱唠叨，而且对他百般挑剔，说他没责任感、不顾家、不细心、不懂得体贴。常常早晨一起床，丽萍就开始尖声地抱怨，指责他这里不对，那里做错了，还总是骂他不中用，令他十分头痛。周兵想不明白，为何婚前婚后妻子的变化会如此之大？

在这样的生活中，周兵的脾气也变得越来越暴躁，时不时和妻子大吵一场。时间长了，他实在难以忍受妻子的抱怨和唠叨，妻子只要抓住一点儿小事，嘴巴便像机关枪似的朝他扫射。他实在没有精力再和她吵闹下去，觉得和她在一起实在是太压抑。因为妻子太过挑剔，生活中随时可能发生争吵，他感觉进家门就像进监狱一样，和妻子的感情也急剧降温，从此以后，他就尽量晚回家了。

第三章　因为痛，所以叫青春

为了躲妻子，周兵经常以工作为由，晚上把自己反锁在书房里，看电影、玩游戏……妻子似乎知道他在有意逃避，一有时间便会敲开他的房门，继续唠叨个没完。

周兵说："我能怎么办？我再也无法忍受了，为了结束这种'暗无天日'的日子，只有离婚！"

唠叨是爱情的坟墓。但是，很多女人并没有意识到这一点。她们认为自己的唠叨是对自己丈夫的爱，以为唠叨可以让丈夫变得更优秀。她们希望通过没完没了的唠叨，让亲人理解自己的付出，她们希望引起丈夫的重视，从而竭力守护她们的家庭。

但是，如果一个女人脾气急躁又爱唠叨，还没完没了地挑剔，说话就丧失了沟通的意义，只会让听到的人感到心烦，即便她以关心对方为借口，她说的内容起不到任何作用。

再年老的夫妻都难以忍受唠叨的折磨！大哲学家苏格拉底的妻子兰西波是出了名的悍妇，为了躲避她，苏格拉底大部分的时间都躲在雅典的大树下沉思哲理；恺撒之所以和他的第二任妻子离婚，也是因为他实在不能忍受她终日喋喋不休的唠叨；大文豪托尔斯泰更是为了不再忍受妻子唠叨的折磨，在82岁高龄时愤然远走他乡。就是在临终前，他还嘱咐友人别让她前来，好让自己清静地离开人世……

所有这些例子，矛头都指向了一个字眼，那就是女人最大的特点——唠叨。唠叨就像漏水的水龙头一样，会让恋人的耐心慢慢消磨殆尽，并且逐渐累积起一种憎恶。

对于男人来说，唠叨就是一种间接的、无休止的、否定性的提醒，而这种提醒发生的时间大多会是在傍晚，恰巧也是男人最想放松一下的时刻。尽管大多数男人都会选择沉默以对，但是唠

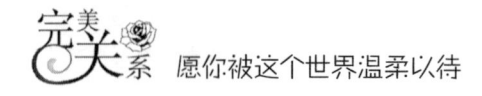

叨带给他们的痛苦常常是无法言喻的。所以，唠叨是爱情中最大的杀手。

心理专家的统计：美国每年大约有2000名杀害妻子的罪犯，而他们中杀妻的原因有八成是因为妻子太过唠叨。女人越唠叨，男人就越发想逃避，他们要么在电视节目里努力聚精会神，要么就阴沉着脸、装聋作哑，而这样的反应不但使女人的唠叨起不到好的作用，还会把女人激怒，进而使她的唠叨变本加厉。

再深厚的爱，都禁不起人家的碎碎念。一句"谢谢你，我爱你！"胜过为掩饰愧疚之心而碎碎念出的千言万语。

赢在起点，摔在半道上

有网友说："感情这种东西，说不清楚，也道不明白，有些时候，却只能是享受过程，因为不是所有的结果都是美好的，有些明明知道没有结果的爱情，不也是会奋不顾身地去爱？因为这个过程才是真正的爱情。"在日常生活中，有太多的情感是得不到好的结果的，分开有时候并不是因为不爱，而是有太多的不得已。

遇到你，所有的点滴瞬间，都变成了幸福密码。人生也许没必要活得太清醒，感情不必看得太透明，难为了别人，困扰了自己。

谁是真正对你好的人？让我们交给时间吧，时间久了，遇事多了，才能知道谁是真心对你好的人。路过的都是风景，擦肩的都是过客，不管是朋友还是爱人，只要在乎，都要加倍去珍惜。

每一段过程都有无可替代的意义，不管这段感情是否会走到最后，都应该真诚去对待，不要因为自己去伤害对方。也许感情这事并不能强求，无论结果怎样，起码过程是令人回味的，享受过程，享受快乐，过程也许就是结果。

恋爱的四个阶段，是每一对情侣都要经历的。

1.共存

这是恋爱的第一阶段，说白了，就是热恋时期。两个人在这个时候相当腻歪，不论何时何地都想要在一起。这段时间是最甜蜜的时期，也是情侣们相互了解的一个状态，这个时期正是如胶似漆的时候，激动和新鲜感是此时两人的最直观感觉。

2.依赖

这个时期是磨合期。所谓依赖，其实就是希望得到对方的陪伴，因为那个新鲜感和激动的状态经过了一段时期的相处之后，彼此相互有了很深的了解，也没有了神秘感，有些趋于平静。当一方想多一些私人时间，做一些自己喜欢的事情时，另一方就会觉得不开心，最简单的问题就是我跟王者荣耀你选谁。这就是依赖状态，也是两个人吵架冲突不断的根源。

3.怀疑

这个阶段，双方有过争吵，有过感动，有过甜蜜，也有过冷漠，时间长了就会达到了这个状态，突然感觉对方不是那么爱自己了。而这个时候，双方也开始要求个人的空间和时间了，都说久甜成腻，情侣之间都会有这个问题，这个时期也是最容易分手的，两个人都变得敏感了，也都变得没有了耐心，不好好交流，肯定会分手。

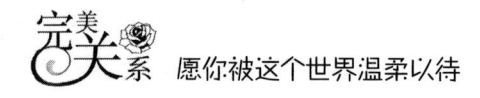

4.共生

熬过了种种的问题后，两个人的感情变得非常平淡，没有什么海誓山盟，没有什么海枯石烂，有的只是陪伴，一点儿小浪漫，一点儿小情绪。两个人已经成为最亲密的人，亲情的感觉更加浓厚一些。两个人互相扶持，又不会成为对方的绊脚石，彼此一起创造未来，互相成长，就是亲人的感觉。这时候，彼此也就离结婚非常近了。

有选择必然有伤害

世上没有一个人是没有占有欲的，尤其对于喜欢的人，我们更会迫不及待地宣誓"主权"。

爱上一个人的时候，很多人都会变成一个戒备心很强的人，生怕对方被别人抢走，自私又霸道地想占据对方全部的爱，容不得被别人分享。

女孩和男友交往了好多年，从高中时期就在一起，一直到现在。父母都催着他们尽快结婚，可女孩还没有准备好，对结婚的事情一直没松口。男友想要早点儿结婚，可看到女孩犹豫，便没有催她。男友对女孩不错，这些年来只要女孩想要什么，他都会尽量去满足。

男友和女孩不在一个城市，他在深圳，女孩在武汉。

女孩想，这么多年，自己的生活、亲人、朋友、工作都在武汉，无法在短时间内放弃所有，所以不想现在结婚。

男友知道女孩不想去深圳，他虽然没有表达出不满，但看得出来其实是有些失落的。每次和她视频，男友都要跟她沟通这个话题，可女孩总是有意无意逃避这些问题。久而久之，他也就没有多少热情了，感情也随着时间慢慢变淡。

之后，女孩认识了同事赵俊。赵俊3个月前刚来公司，在她手底下工作。可能因为工作的关系，女孩和赵俊联系得比较多，在微信上的交流也多了起来。起初只是单纯地交流工作，时间久了，慢慢聊起了工作以外的其他事情。女孩知道，赵俊没有女朋友，他家在外地，现在和室友同住。最近室友谈恋爱，一起住不方便，他打算另外租房。

正巧，女孩手里有套空闲的小房子，提出以低价租给他。赵俊为了表示感谢，请女孩吃饭、看电影。不知道从什么时候开始，女孩竟然开始欣赏起这个比自己小3岁的弟弟。对这份感情，女孩知道不现实，再加上自己还有男友，便只能狠下心斩断对赵俊的爱意。

可感情这东西就是藏不住，她的这些心思被赵俊看了出来。有一次赵俊请她吃饭，借着酒劲儿跟她告白，说他喜欢她，想跟她在一起，想要跟她结婚。女孩不知道该怎么回答他，一切发生得太快，她还没有准备好。

因为一个星期以前，男友说，他要回来，彻底从深圳回来，辞了职打算在武汉找工作，稳定下来就跟她结婚。女孩真的不知道该怎么选择了。一个是相处多年的男友，一个是让自己感觉到心动的男生。

赵俊知道女孩有男友，给她施加压力，说，如果等男友回来不跟他讲清楚，他就会搬离房子，再也不跟她联系。女

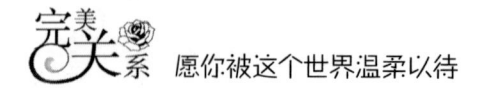

孩舍不得，但她也不知道该怎么跟男友说。她知道自己优柔寡断伤害了两个人，她害怕面对这一切。

俄国画家瓦西里耶夫曾经说过："爱情就是像一道看不见的强劲电弧，在男女之间产生的强烈的倾慕之情。"恋爱中的人们也常说："我的心里只有你""我的世界里只有你"……一直流行一种说法：爱情是具有排他性的。

美国加利福尼亚大学的研究人员做了一项测试：让120名恋爱中的人观看一些漂亮的异性照片，然后要求他们写一篇文章，主题可以是自己当前的恋人，也可以是其他事物。在写作的过程中，他们要忘掉刚才看的异性照片，如果想到一次，就做一个记号。结果发现，在文章中描写自己恋人为主题的文章的人想到异性照片的次数很少，但是选择写其他主题的人想到异性照片的次数却多出了6倍。

从这个测试就能很直观地发现，爱情的确具有排他性。因为现有的爱情可以给他们蒙上一层"眼罩"，让他们对其他异性"视而不见"。

爱情是排他的！一个再高尚的人，也不能把自己的爱情拿来与人分享，或进行转让。

爱情是婚姻的基础，爱情具有排他性不但合情合理，而且合法。但爱情的排他性是以爱情的唯一性为前提的，即只有两情相悦的人排除其他原因干涉爱情、婚姻才算合情合理，像脚踏两只船的人或单相思者是不具有排他理由的。

很多女孩认为谈恋爱一定要找个贴心的人，于是"暖男"成了很多女性重要的择偶标准之一。其实，无论是直男还是暖男，女孩想要的不过是一个只对自己好，而对其他异性冷若冰霜的人罢了。

这是自私吗？是！爱情本来就是自私的，尤其是当我喜欢你的时候。

完美是奢望，缺憾才是人生

人生之路漫漫，不可能事事完美，有缺欠，有不足，有遗憾，这才是真实的人生。盈满则亏，水满则溢，万事不可求全责备，缺憾也是一种别样的美。

生活中最动人的片段，往往不是谁生来就拥有了最完美的人生，而是那些天生平凡、认真演绎自己人生的人。

人生总有缺憾，任何的美好都不是生活的全部，而不完美才是真正的人生。

记得谢尔·希尔弗斯坦在《失落的一角》书中写道："一个有缺角的圆，第一次找到合适的一角时错失了机会，第二次又因用力过猛而摧毁了那一角，最后终于得以完整，却发现完美的圆因为滚得太快而失去了沿途的风景和原来的快乐。"

很多人总以为，熟悉的地方没有风景，诗和有趣的生活都在远方。殊不知，自己在执着追求完美的匆匆脚步中，反而错过了太多的东西。

人生总是不完美的，最好的人生，真实胜过完美。不要过于追求完美，纵使你拥有月光宝盒，也得不到完美的人生。

人生就是这样，因为有遗憾，才是人生；因为有遗憾，才会

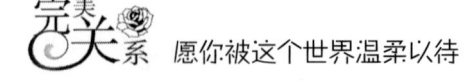

觉得拥有的更加美丽。可以说，没有遗憾的人生，其实，是不完美的人生，没有遗憾的人生，是不现实的社会。既然没有办法生活在无忧无虑的世界，那我们只能面对现实，以一种平和的心态迎接人世间的种种遗憾和过往。只有这样，我们的人生才更加彰显生命的意义。

我们的人生不可能是完美的，生活也不可能尽如人意，所以，不好的事情总是会发生，有些甚至毫无征兆，让人感到猝不及防。其实，这些都是人生本来的样子，不要惶恐，更不要抵触，要积极去面对，尽力解决，而不是一天到晚地埋怨和消沉。

无常是人生的常态，接受不完美以后，才真正最接近完美。

接受这些，并不是让你毫无作为，相反，其实我们碰到的所有问题，背后都是我们性格使然，是我们内在的不成熟的结果。从这个角度切入，遭遇的所有问题，都会往自己身上扛，这对你的人生着实具有非凡的意义。至少在每一次不堪的遭遇后，你都能消除一个弱点，使自己变得更强大。

所以，经历并没有好坏之分，每个人都有能力把它兑现出价值，越是拥有非凡经历的人，越是能够得到弥足珍贵的东西。

人生的初期，对一切都很懵懂，是需要去学习和认知的阶段。我们都充满好奇和冲动，想着要去征服世界，但我们却没有足够的能力和智慧；我们想要看透世界，却无法领悟和体验；我们想要得到一切，却没有相应的能力去承受。这时候的我们应该舍弃浮华和诱惑，舍弃骄傲和自满，舍弃刚愎自用，我们要选择积极向上，选择勇往直前，选择谦虚担当，选择自我个性，让自己获得大量的知识，保持良好的习惯和性格，尽管有所缺憾，但是依然圆满。

人生的青年时期，是我们人生中最辉煌的时刻。此时的我们充满力量，充满智慧，充满欲望。我们可以在人生这张白纸上随意涂鸦，勾勒出丰富多彩的画卷。但是我们在这个阶段也最容易迷失自我，虽然失去很多，但是也会得到很多。为此我们要舍弃轻浮幼稚，舍弃欲海无涯，舍弃迷茫困惑，舍弃退缩狭隘；那么，我们就要选择雷厉风行，镇定从容，坚守信念。活出生命的色彩，演绎人生的篇章，虽可平淡对待，但也尽量少留一些遗憾。

人生的暮年时期，尽管积累了大量的知识，但却没有了精力去实践，没有更多的时间去实现。人生就像一本百科全书，既丰富多彩，又渊博深邃。这个阶段，虽然我们已经成熟、经验丰富，但也容易被过去人生中的诸多遗憾所困，心怀不甘。那么，我们就要舍弃倚老卖老，舍弃低迷消沉，舍弃功名利禄；我们要选择老骥伏枥，选择豁达坦荡，选择健康快乐。虽暮年将近，也要让自己的生活充满趣味，充满生命力，为人生画上圆满的句号。

人生就像太阳，早上刚升起的时候，光芒柔弱，没有温度，却照亮了天空；午时光芒太强，令人不敢直视，却能带给大地温度；傍晚时光芒退去，没了温度、没了光芒，却能折射出绚丽的晚霞。无论任何时候，都有缺憾，但是也有优点，这才是圆满的人生。当你读懂了你一生的缺憾，也就读懂了你的人生。

人生没有完美，不同的阶段有不同的优缺点，有不一样的色彩和天空，当然也有不一样的美好和遗憾。面对人生，我们要懂得舍弃，无论身处何种阶段，不要追求绝对的完美，而要学会正视缺憾。

第四章
释放自己，加固爱的围墙

我在茫茫人海中，寻找自己的灵魂伴侣。得之，我幸；不得，我命。如此而已。

第四章 释放自己，加固爱的围墙

爱情忐忑，婚姻纠结

世上没有十全十美的人，也没有十全十美的爱情，两个人在一起有甜蜜就一定会有烦恼，有幸福也一定会有苦痛。相爱就是让完全不相干的两个人看到对方美好的一面，而相处就是把自己最真实的一面展现给对方，在看到对方的缺点之后仍决定在一起，好的一面坏的一面都接受，相互磨合相互体谅，这才是真正的爱情。

一个关系很好的同学，恋爱了。甜蜜期过后，两个人总是吵架、怄气、冷战。同学在这个时候就会拒人于千里之外，却又魂不守舍、寝食不安。渴望得到，得到了又害怕失去。

在我们身边，很多人都会有这样的想法。我一直认为，良好的爱情要两个人都舒坦。为什么你跟朋友在一起不会患得患失？爱情与其他感情最重要的一点就是占有欲。你希望他是你的，是你一个人的，你不能接受分享，这就是最大的区别。患得患失，无非就是害怕得到了又失去。

这种情况多见于女性，爱人有没有及时地回复你的信息，生气了有没有及时地哄你，打了多少电话、给了你多少关心与呵护……如果很多不是你所期望的，你就陷入了患得患失的怪圈，觉得爱人不够爱自己？觉得感情不对等？在爱情中，这种情况很普遍，这是由爱情的唯一性决定的。

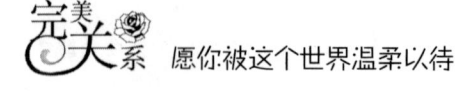

心理学有一条人际交往的黄金原则，只能以期望别人对待自己的标准去对待别人，而不能要求别人也如此对待自己。爱情也是一种人际交往，虽然包含了更多自私的属性，但回归到本质还是一样的——很难要求别人，只能要求你自己。

每个人都有自己独一无二的情绪体验和心理机制，如果爱人不根据你的心理机制去处理你们之间的关系，你就会产生"他不够爱我、我会不会失去他"的患得患失的心理，这样无异于是庸人自扰。

患得患失的心理对于两性关系没有什么好处。越是患得患失，越不要不时联系，时刻联系是自己对自己的宠溺，就像饮鸩止渴，时刻保持联系不是长久恋情该有的状态，它会让彼此交流多于必要的程度，让感情变得乏味，而乏味会催生更大的患得患失……

最后记住一句话，当你不怕失去的时候，就是你不会失去的开始。

缘分这东西，谁都不能预料

每一段感情都是一种缘分，每一种缘分都来之不易。

所谓红尘人海，有时候红尘比海还要深。只有比海更广阔的人心，才能包容红尘。

亿万人中，万千生灵人来人往。亿万年间，春去秋来往复轮回。任何特定的两个人，在出生之前，其见面的概率都是亿万分

第四章 释放自己，加固爱的围墙

之一。

没有缘分，为什么两人会相遇？

不是上天早就注定，为什么遇到你之后又爱上了你？

爱过的人很多，如果不是缘分，为什么最后还是嫁给了你？

记得在网上看到过一个关于缘分的小故事。

主人公小美20年前还在上小学。当时，他们学校正做一个扶贫计划。这个计划是帮助一个山区里的兄弟小学。有意思的是，除了每年捐款捐物以外，还需要"一帮一"，也就是学校的一个孩子与对方学校的一个孩子结成一个小组，给予对方帮助。

帮扶计划持续了大概1年，在此期间，她跟她的"一帮一"对象一直在保持通信。在那个通信工具匮乏的年代，他们只能通过写信的方式来保持联络，甚至连对方长什么样子都不知道。

20年后，主人公小美在一个聚会上认识了她的老公。婚后，他们无意中谈起了小时候的事情。巧合的是，他所在的小学正是当年小美学校帮扶的贫困小学。

更巧合的是，那个和小美保持短暂通信的帮扶对象，就是他。

我们不得不相信，缘分这个东西，有时候真的很奇妙。

有人说："我异地等了7年，换来的是她的新男友。"仅仅这一句话，包含了多少无奈与撕心裂肺的痛。"曾经沧海难为水，除却巫山不是云。"曾经最钟爱的人，许诺过海誓山盟的人，如今早已不在，并不是他烟消云散，而是另寻新欢，相信只有经历

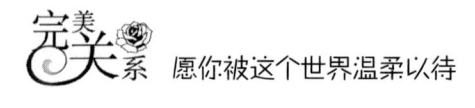

过的朋友才能领会当中的痛，愿这些朋友早日走出曾经的伤痛，找一个你爱的，他愿等的，这一切刚刚好。

也有人说："感情是什么？感情就像是天方夜谭一样，我为了他改变自己，结果他选择了不再联系。这到底是为什么？"一句我爱你，说了多少遍，换了多少人。

好像正应了这么一句话，自古深情留不住，唯有套路得人心。明明特别在乎，却输给了时间，我们又何必纠结于一个不懂得爱你的人？他不是你的白马王子，你真正的白马王子在前方等你，等你勇敢地往前走，因为真正的爱情是需要等待的，不仅仅是在你需要帮助的时候给你解决困难，而是他能明白你的所有，不等你表达，他已经看懂，不等你想哭，他已经抱紧了你。

大千世界，芸芸众生。人与人相遇真的是一种缘分，有的人不期而遇，却终身相依；有的人旅途相遇，一路开心；有的人偶遇相助，视为知己；有的人遇见贵人，一生转折。

一辈子擦肩而过的人又何止千万，一次相遇，有时能影响一个人的一生，相遇真的是缘分。

所有的不期而遇都在路上

有时候爱情的到来就是这么无法抗拒，因为谁也不知道会发生什么，仅仅是一个动作，也许就能够融化别人的心。

男孩与女孩的相遇是在一次研讨会上，女孩坐在男孩

第四章 释放自己，加固爱的围墙

的前排，看起来有些瘦弱，白白净净的脸庞上，架着一副眼镜，整个人看起来斯斯文文的。女孩的谈吐也印证了男孩内心的想法，她就是一个非常文静的女孩，不苟言笑，不善言谈，整个人往那儿一坐就宛如画中走出来的姑娘一样，男孩对她似乎有些好感。

那天参加研讨会的人很多，他们都坐在大礼堂里面，男孩感觉有些口渴，就出去买了一瓶水，后来男孩进来的时候，准备重新回到自己的座位上，结果因为前后排的距离过于近了，对于这个一米八以上的汉子来说，进出并非是一件容易的事情。结果男孩不小心被别人的膝盖碰了一个趔趄，手里的水不小心就洒到了前面的人身上，不偏不倚，水正好泼在了女孩的头上。她被这突如其来的情况，吓得有些不知所措，然后立马起身，回过头来看看到底发生了什么事情。男孩赶紧道歉，她直愣愣地看着男孩，有些恼火的目光直接对上了男孩抱歉的眼神，这是他们的第一次对视，男孩的手心紧张地出了汗。

女孩径直地出了门，男孩也赶紧跟着出了门，立马递给她一包餐巾纸，想让她好好擦干净身上的水，虽说洒出来的水并没有很多，但她毕竟是女孩子，对自己的形象还是非常在乎的。男孩一路上跟着她，她就一直这么走，结果走着走着，她突然号啕大哭起来。男孩感觉非常奇怪，嘴巴就像是复读机一样，一直不停地和她道歉，但是非但没能安慰她的情绪，反而她哭的声音越来越大。

男孩大概猜到，对方不是因为这件事情导致了自己的悲伤，这件事只不过是一根导火索，男孩开始战战兢兢地询问她到底出了什么事，她可能对眼前这个陌生人有些防备，

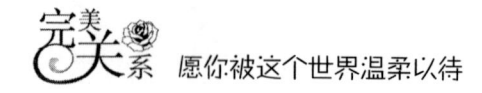

一直闭口不谈。他们就这样一直待在花坛旁边，坐了整整一个下午，女孩一句话都没说，男孩也只不过是呆呆地望着天空，一言不发。

天色已经到了傍晚了，女孩准备要离开，这时候研讨会也结束了，看着她起身，男孩有些失落，结果这时候她突然说出了自己的名字和电话。男孩有些惊讶，马上也站起来认认真真地自我介绍了一番。命运，就这样把他们两个人给串联在了一起。

后来，他们彼此慢慢了解了对方的心思之后，成为恋人。原来那天女孩刚失恋，但是一直憋着没有发泄出来，女孩说她很感谢那天男孩一直陪着她，让她感受到了很久都没有感受到的温暖。从那天开始，她也明白了自己是能够得到别人的疼爱与怜惜的。

男孩说，或许，自己最应该感谢那天的那瓶水，如果没有那瓶洒到对方身上的水，他们也就可能没有机会彼此相识、相恋。

其实，喜欢一个人，只要能够陪着她、看着她，就非常满足了。不要去等谁，所有的不期而遇都在路上。

爱情的意义不是让一个人为另一个人去付出，而是两个人共同付出。不要为了一个人而活，一个人去承担两个人的爱情是很痛苦的。只有两颗心共同经营，那才是真正的爱情。不要盲目相信那些爱情小说里描写的，因为我们是生活在现实中，而不是在童话里，更没有谁会等谁一辈子。

所有美丽的不期而遇，都在路上。不管你现在多迷茫，不要去等谁，选择去遇见。如果过往事与愿违，请相信上天一定另有安排。

分离，其实没那么糟

一直在回忆过去，肯定会走不出来，分手这件事，你想得越多，对你整个人的影响就会越来越大，自然也就越来越痛苦。既然事情已经发生，就让过去成为过去，如果不能改变，那就顺其自然，放过自己，用平常心对待。

徐志摩曾说："我在茫茫人海中，寻找自己的灵魂伴侣。得之，我幸；不得，我命。如此而已。"这就是一颗平常心。

平常心是一个人最美的心灵，因为它是最上乘的人生哲学，是一种生活艺术。拥有这样的一颗心，可以像凡人一样生活，像诗人一样享受，像哲人一样思考。

人的一生总有起起伏伏，不会永远一帆风顺，也不会永远痛苦潦倒。真正的人生高手都是以一颗平常心驾驭人生这匹烈马。

有一天老子的学生问老子："您是有名的圣人，与芸芸众生所不同，您是如何做到超越常人的呢？"

老子答道："我不是什么圣人，只是做着超常的事罢了。我只是感觉饿的时候吃饭，感觉疲倦就睡觉。"

学生惊奇地问："这是什么超常的事呢？每个人都这样做啊！"

老子答道："当然不一样。他们吃饭的时候想着别的

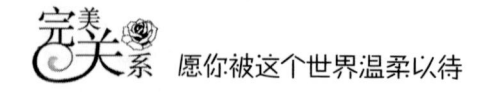

事,不专心吃饭,睡觉的时候也总睡不安稳。而我吃饭时就是吃饭,什么也不想。我睡觉时从不做梦,所以睡得安稳。这就是我的超常之处。世人很难做到。"

现在的人们更是很难做到这一点,他们在利害中穿梭,在名利中周旋,在生命的表层停滞不前,只有将心灵融入大世界,用心去感受生命,才能找到人生的真谛。

有一天,几个朋友在一起吃饭,朋友的朋友是个大胖子,他晃晃悠悠地走到桌子前,把肚子抱起来坐下。

大肚子都放到桌子上了。别人说什么他都苦笑一下,等到上菜了,他就像一台吃饭机器,一吃起来根本就停不下来。朋友们都没大吃,只看他一个人吃。菜吃得一点儿没剩。最后,他懊恼地拍着肚皮说:唉,又吃多了。

之后,一个人问另一个人,那个特胖的朋友什么情况?

他说:3年前他的女朋友和他分手,之后他就每天猛吃,根本就停不下来。

是啊,每个暴饮暴食者背后都有故事。并不是他们对美食有多么的热爱,而是把抑郁情绪转移到了美食上。他们觉得不能把控这个世界,而不停地吃食物,就像不停地拥有很多得不到的东西。

这就需要他们有一颗平常心。

老子说:"圣人处无为之事,行不言之教。"其无为,不是无所作为,而是顺乎自然,遵从自然之道。面对人生,我们要有闲看云卷云舒,花开花落皆自然的心境。既要正视生活中的悲欢离合,也要确定自己的人生坐标。

我们不可能什么都拥有,有得就有失。即使悲剧来袭,遇到诸多的不顺,也不要怨天尤人。得到一点成功,看见些许景象,也不要沾沾自喜,四处张扬。这样我们就拥有了一颗平常心。

保持一颗平常心,能看到别人的长处,向他学习。也能看到自己的不足,加以改正。一个拥有平常心的人,偶有所成,偶有所得。他绝不四处宣扬,他明白他的所得和成就,和别人比起来太渺小,太微不足道。这样一个积极、自知的人,才能在一个成功上铸就新的成功。

因为你,我忘记爱自己

有的时候,深爱一个人,真的能失去自我。那是一种控制不住的情绪,爱得太深,陷得太深,无法逃脱,无法摆脱那种情感带来的束缚,就像枷锁牢牢地把自己困住,但却心甘情愿。

深爱一个人,太容易被爱情牵着鼻子走,像魔鬼一样被爱情折磨,这样有的时候真的很悲催,无法掌控自己,这样的爱情是不公平的,也是错误的。当你因为爱情背离了一切,也许就要想想自己到底怎么了,到底该不该爱得这么深,值不值得?

爱一个人,应该保持最真实的自我,应该相互磨合,相互理解,可以期待对方慢慢去改变一些事情,但前提是做最真实的自己。

女人是非常感性的动物,陷入爱情之中的时候总会变得盲目

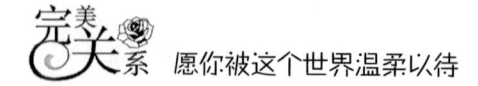

冲动，全情投入，甚至可能为爱毫无保留地放弃一切。所以才会有人说，处于恋爱中的女人，智商往往为零。

牺牲是一种让人为之动容的精神，一个愿意为爱情而牺牲的女人是所有男人都无法拒绝的。但是，这个世界上任何事情都应该有度，牺牲也一样，若是超过了某个度，将会适得其反，女人所做的牺牲也将会变得惹人厌恶。

在爱情中，女人什么都可以放弃，却唯独只有一样东西，万万不能失去，那就是自我。

一个失去自我的女人，就好像一具没有灵魂的躯壳一样，再没有任何的特别之处去让人心动，让人珍惜。

梅子就是这样一个不断无条件付出进而失去自我的女人，她结婚多年，爱老公、孩子胜过爱自己，不断地为家庭付出，她是和老公同甘共苦、白手起家的女人，老公事业有成后，她就在家做起了全职太太。

她把全职太太当成工作，每天勤勤恳恳收拾家务、送孩子、做饭、洗衣服，老公却不把她当回事，总是嫌弃她，觉得她不如别人的老婆漂亮身材好，不如别人的老婆有能力会赚钱，有时候在外面喝了酒，还家暴，这些她都忍了过来，她也想过要离婚，但是离婚后，她去哪儿呢？

她没有地方可去，况且，孩子都多大了，真离婚了，以后的日子该怎么过？她没工作，做全职太太这些年也没攒什么私房钱，都是伸手问老公要钱。

她越想离婚越觉得心里委屈，毕竟，她为这个家付出太多，离婚也不甘心，干脆就这样"搭伙"过吧。于是，梅子就在婚姻里选择继续付出和让步，也慢慢失去了自我。

第四章　释放自己，加固爱的围墙

身边有很多这样的女人，在结婚前，她们明艳动人，美丽不可方物，而在结婚后，她们往往为了家庭，为了丈夫，为了孩子，放弃了自己曾一直钟爱的活动，放弃了光彩照人的美丽，甚至放弃了自己曾经的梦想、原则和坚持。她们穿着宽大的衣服，顶着过时的发型，忙忙乱乱，不再注意保持自己的身材，不再祈求浪漫，成了男人家里的"黄脸婆"。

不记得从哪一天开始，丈夫好像再也没有夸奖过她们，也不记得从哪一天开始，丈夫已经不再像从前那样对她们呵护备至。女人们感叹：他变了。这时候，请在镜子中看看你自己，女人啊，你何尝不是变了呢？

爱是一种触动，一种灵魂上的共鸣，从坠入爱河之始，他爱上的，正是你这个人，你的外貌，你的个性，你的喜好，你的思想，你的灵魂。

这一切正是他在茫茫人海之中选中你的原因，这一切也正是他在千万人之中唯独爱上你的原因。所以，无论是因为什么，当你将你的自我、你的独特悄无声息地牺牲掉的时候，男人也就失去了爱上你的理由，爱情也将随之消散，不复存在。

花开有时，花落亦有时

成长需要一个过程，男人成长最快的途径便是谈恋爱。当你爱上一个人时，你会对她倾尽所有，只为爱她。在你的眼里只有她一人，再无其他人。即便是遇到再好的，只要有她便足够了，因为我的眼里只有你，再也容不下其他人。

成长也需要爱情，当你爱上一个人时，你会毫无保留地付出真心。无论你是女人，还是男人，只有经历爱情，方能真正的成长。

爱情可以甜如蜜，也可以让人痛彻心扉，一次次地期盼后，失望变成绝望，你也就明白爱上一个不该爱的人是不是值得了。此时，你也明白，就算你猜中了开头，却猜不到结果。即便你知道结果，还是会傻傻的爱着，因为心不甘情不愿。所以说，爱情才是让人成长的助推器。

当你的爱情开花结果时，你的人生才是真正的开始。当你的爱情枯萎时，你才明白什么是珍惜。为何都是失去了才懂得珍惜？那是因为失去过，心里才会惦记，才会想念，才会后悔，才能明白爱情不仅仅是爱就可以，还需要珍惜、理解和包容。

当你对一个人死心了，那是因为你失望了，彻底地放弃了，不再奢望，而这一切都是因为对方的不珍惜，才会让你彻底死心。因为你，我曾改变过，也曾认真过，只是结果让人痛彻心扉，最后我放下了。所以，我不想再傻傻地等待，傻傻地期盼。你若不珍惜，我便转身离去；你若珍惜，我便生死相依。

自古以来，爱情都有种凄美的味道，从白娘子到梁山伯祝英台，从孔雀东南飞到杜十娘，这些凄美爱情的背后，似乎有种不可抗拒的力量使他们最终走向分离。那么，这些走着走着就散了的爱情，到底是因为什么呢？爱情想要开花结果，真的有那么难吗？其实，爱情开花结果，也不是那么难，满足以下3个基本条件，你的爱情离开花结果就不远了。

1. 相近的"三观"

这一点大部分人都没有异议，正如俗语所说：什么锅配什么盖，不是一家人不进一家门。对于这个条件，也有门当户对一说，这其中反映出的其实就是"三观"的相近。

2. 相近的处事能力

这一点，既可以说是生理层面的标准，也可以把它们上升到审美的精神层面。在现代社会，已经过了"男人负责赚钱养家，女人负责貌美如花"的时代。在压力如此大的情况下，每个人都希望自己能活得轻松一些，男人也不例外，所以他们也希望对方最起码有能力养活自己。其实这个观点，也是生物进化的结果，为了保证种族的繁衍，提升后代的生存率，衍生出了很多新的择偶标准，相近的处事能力，是保证后代优良基因的一个硬性指标。

3. 相同的兴趣爱好

这一点是大部分爱情的本质，是在情感、精神、资源上与对方的共享，是对自我不断探索、成长与自我完善的意愿，并基于此来滋养对方，带动对方探寻自我的成长性。爱，是为了促进自己与对方心智成熟，具有一种自我完善的意愿，相同的兴趣爱好，就是促进这种意愿的最大动力。

耐心是治愈的良药

人生就是漫长的练习，真正的平和与满足就源于意识到这一过程，这样才能让我们有一段体验神奇路径走下去的渴求。

爱情的建立，同样也是有过程的，就像一个婴儿的诞生。每个人都想拥有一份白头偕老的爱情，却发现，很多时候，走着走着就散了。维持爱情，就像悉心呵护脆弱的婴儿一样，不仅需要方法，更多的时候需要的是足够的耐心。

余生很长，即使有坎坷，有荆棘，也不要害怕，你的身边总有一个人陪伴着你，两个人携手走过，就是对你们爱情最好的肯定。但如果不小心失恋了，那也不要紧。失恋，看起来像一件令人沮丧的事情。但是，它也会成为一件好事情的——具体要看你如何看待它，只有经历过，你会发现你真正的成长了。

爱情需要耐心，感情需要等待。这其中，时间就是最好的磨砺。如果你正处于失恋的痛苦之中，那么你就学会忘记那个人，忘记那段经历，整装自己，重新出发。

其实，忘记一个人也并没有那么难。下面4种方法，肯定有效。

1. 清理掉与他相关的一切，让自己不会触景生情

删除他的联系方式，拉黑他的微信，扔掉他送你的那些纪念品，尽可能地把他从你的生活中清理干净。这样你就不会总是看到与他相关的东西，也不会频频想起你们一起经历过的那些事，也就不会一直深陷在过去，无法自拔。你只有先把与他相关的外在东西处理掉，不让自己总是想起他，才能慢慢地，非常干净地，把他从你的内心剔除掉。

2. 让自己有事可做，不会有太多无所事事的时候

当一个女人忙碌起来的时候，她的心里只有要做的事情，当她闲下来的时候，就总是会变得更矫情，去想那些不该想的东西。所以想忘记一个人，就让自己忙碌起来，不论是工作、娱乐,还是其他什么,让自己没有太多空闲时间去瞎想。忙起来就好,等忙完一阵,失恋这件事情也已经被时间冲淡了,偶尔想起来也就觉得没什么,不会那么看不开了。

3.去外地旅游散心,治愈掉内心的伤痛

现在的城市,有太多地方都有着他的痕迹,想起你们依旧还在一个地方,却已经不在一起,你难免会觉得痛苦。所以想要彻底忘记这一切,你干脆来一场说走就走的旅行,去一个完全没有他的地方,让外面的世界,给你最好的治愈方案。当你看过世界的辽阔,你会明白,失恋这种小事,根本就不算什么,那时候,你就可以做到彻底忘记他,重新开始好好生活。

4.活在当下,与当下建立链接

有一些刚刚失恋的人,由于内心过于痛苦,就急于想快速地走出失恋的痛苦情绪,其实这个心态是不可取的。当你越想走出痛苦的情绪,你就越难以走出来,这是因为,你一直在有意识或者无意识地关注着这份痛苦的情绪,走出失恋通常都是不知不觉地走出来。所以,不要被太多的杂念或者是思绪给带偏。给自己定一个目标,知道自己想要的是什么,追求的是什么,并勇敢地去追求自己想要的东西,让自己找到开心的理由。

用痛苦来接近幸福

人生,就是用痛苦来接近幸福。

痛苦就像一棵生长茂盛的大树,一个痛苦的主干,就是人

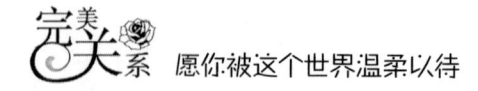

生。其他枝干，就是人生的许多组成部分，这每一片枝叶就是具体的每一个痛苦。

而人生，就是不断面临和克服这样一个个痛苦的过程。

德国哲学家叔本华曾经讲过一个"豪猪哲学"。

一群豪猪在寒冷的冬天相互接近，为的是通过彼此的体温取暖。可是，很快它们就被彼此身上坚硬的刺刺痛，不得不分开。当取暖的需要又使它们靠近时，又重复了第一次的痛苦，以至于它们在两种痛苦之间分分合合。

直到发现一种适当的距离，使它们既能够保持互相取暖而又不被刺伤彼此为止。

而在现实生活中，你也肯定经历过一段这样的感情。

热恋时，你感觉到对方与自己截然不同，正因为自己与对方有这样的独特不同之处，所以让你们对彼此情投意合，爱之如命。当你的感性和他的理性一旦进行激烈的碰撞，便擦出火光四射的爱的火花。

你为他的理智性格而仰慕崇拜，他因为你的感性性格而奉若珍宝爱不释手。仿佛从未遇到过这样让自己着迷的人，让自己心甘情愿地坠入爱河，无法自拔。

起初两人如胶似漆，难以割舍，每一天都是最精彩最新鲜的新一天，都经历不一样的开心喜悦体验，恨不得24小时都黏在对方身上。

后来，当热恋期的热情逐渐消散，两人便开始发现对方身上的缺点，总是互相争执，不分上下、决一雌雄，争得你死我活，感觉对方深恶痛绝，恨不得咬牙切齿。当初自己最喜欢的对方身上的那些与众不同，如今已经变成自己最痛恨的地方。

为什么会这样？因为你们进入了"磨合期"，"磨合期"是一段痛苦的过程。"磨合期"就像一个龙门，跳过了就能幻化成龙，跳不过便会因爱生恨。

一开始你为他的理智、沉着、冷静而佩服不已，现在已经变成了你最讨厌的理智、冷漠、死板和不懂得变通、不解风情。他一开始喜欢你的感性、天真善良，感情丰富细腻，现在变成了让他最无法忍受的过于感性，缺少理智，太容易情绪化，对任何事情太过于敏感。最后，甚至怀疑自己当时是不是脑子进了水，才发了疯才会喜欢他并且选择了他。以至于最后，留下遗憾的结局——分手或离婚。

现在的社会，很多情侣或夫妻之间都活得很累，过得也不快乐。于是，他们选择了分手，选择了离婚。然而，分开后有的人却说："接近你接近了痛苦，远离你远离了幸福。"这又是为什么呢？

"幸福的家庭是相同的，不幸的家庭却各有各的不幸。"每读到这句话的时候我常想，既然幸福是相同的，那么相同的幸福到底是什么样子呢？"曾经在幽幽暗暗反反复复中追问，才知道从从容容平平淡淡才是真……"我总觉得这句话是最好的诠释。

在日常生活中，重要的不是生活的多姿多彩，也不是生活表面的充实，重要的是彼此之间的爱是否能够禁得起岁月的磨砺。爱是否深情在于你是否每一天都能把最真的爱给予对方。这是诗歌和鲜花搭不起来的境界，需要无限的忠诚和发自肺腑的爱心。

再不顺的生活，微笑着撑过去了，就是胜利。就像大海，如果缺少了汹涌的浪涛，就会失去其雄浑；沙漠如果缺少了随风起舞的飞沙，就会失去其壮观。

飞蛾在由蛹化蝶时，翅膀萎缩，十分柔软；在破茧而出时，必须要经过一番痛苦的挣扎，身体中的体液才能流到翅膀上去，使翅膀变得坚韧有力，只有这样，才能支持它在空中飞翔。在它还是虫子，挣脱蛹的束缚变成飞蛾的时候，倘若你帮它完成脱茧，它慢慢地就会变得非常臃肿，翅膀也会变得异常无力，最后死掉，没有经历痛苦洗礼的飞蛾，脆弱不堪。

在面对自己的痛苦境遇时，有人说："你们这些快乐的人，永远也不会感受到痛苦、难过和失落。"其实不是这样的。快乐的人也会体验到痛苦与悲伤，只不过他们不会让这些消极的情绪主宰生活。

与其说是别人让你痛苦，不如说自己的修养不够。如果你不给自己烦恼，别人也永远不可能给你烦恼。因为你自己的内心，你放不下。好好地管教你自己，不要去管别人。

真正的感情是不勉强自己

我们最难面对的，或许就是跟最爱的人分别，那种不舍，那种留恋总是让我们从心底里难过，但是没办法，当一段感情没有办法再继续的时候，我们都要勇敢地去面对。曾经或许很美好，曾经或许有很多值得回味的事情，可人终究是要向前看，而不是抓住过去不放，抓住一段变了质的感情不放手。感情终究是两个人的事情，不能勉强。

女孩很爱男孩，可是男孩不喜欢女孩。女孩是一个特别高冷的人，但她对男孩却是出奇地好，不管是送早餐，还是每天电话微信说晚安，还是其他一些特别"俗套"的事情，只要认为能够感动男孩的事情，她就一定会做。她甚至还决定把自己想说的话全部写下来，然后折成千纸鹤送给他。

闺密听说了，劝她不要这样做。女孩一脸疑惑地看着闺密，因为她觉得闺密一定会支持她。

闺密对她说："我相信爱情，但我更清楚不是每段感情都能有结果。没有回应的爱情，那不是爱情，只是单方面的付出。所谓的爱情，一定是双方面的，它不一定平等，但一定会有回应。我主张勇敢地去追寻，去相信，但我不支持你这种单方面的感情。"

世界这么大，能遇到一个让自己动心的人不容易，错过了实在太可惜。但既然已经努力地争取了，对方也明确地告诉你不可能了，你就可以放下了。你既然勇敢地告诉他了，也就没有什么遗憾了。

如果从一开始就抱着不一定非要走到一起的心态，默默地付出，那么这样的暗恋的确很美好。一定要弄得让全世界都知道你爱他，非逼着他做决定，只会使事情变得越来越糟。

然而，她还是做了，义无反顾。

结果，她失败了。

表白失败了一次，失败了两次，你们其实已经没有任何希望。无论他怎么说，不喜欢就是不喜欢。在这个世上，谁没喜欢过几个不可能在一起的人？谁没被几个不喜欢的人喜欢过？然而，无论是喜欢一个没有结果的人，还是被一个不喜欢的人喜欢，都会是一种青春的困扰。

这个世界上，最不能勉强的，莫过于感情。爱得太深，就

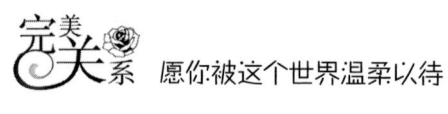

会无法自拔。你割舍不下的已经不是你喜欢的那个人了，而是那个默默付出的自己。当你惊叹于自己的付出的时候，你爱上的其实只是现在的自己。到最后，在这场感情里，感动的人，只有你自己。

所谓真心实意，义无反顾，坚持不懈，所谓的毫无保留地付出，只有用在对的人身上才有价值，否则，它不但毫无价值，还会令人厌恶；只有用在对的人身上，才能得到回应，否则，就只能是徒增困扰。

第五章

学会爱，懂得爱

在生命的起跑线上，你会遇到怎样的风景，这是你自己画上去的，而不是别人为你代笔，你只需走个过场。为自己创造沿途的风景，你的人生，注定和别人的不一样。

第五章 学会爱，懂得爱

"坏女人"的全新定义

男人不坏，女人不爱，同样地，女人不坏，男人也不爱！

婚前充满活力，美丽动人的小女孩，结婚后，变得心里只有工作，全心全意心里只有丈夫一个男人的女人，这样的好女人让男人一眼就把未来的生活看穿，让男人没有了征服的欲望，觉得婚姻没意思；而神秘，让男人猜不透，不围着男人转，有自己生活和事业的坏女人，却更能让男人着迷。

别不信，男人婚外情的绝大部分原因就是吃定家里的好女人了，家里的女人太无趣了，才想要到外面寻找刺激。

很多女人只会埋怨：为什么我这么好，他还要到外面找女人？殊不知，正是自己对男人太好了，以至于让男人肆无忌惮地对自己坏。

在很多男人的眼中，家中的好女人是不会跑的，她已经对自己死心塌地，所以不用去哄，不用去征服。而外面的坏女人是需要用金钱、用爱去征服的，这给男人带来了征服的快感，在家里衣来伸手，饭来张口；在外面，他却可以给那个坏女人洗衣做饭买包包去哄她。所以，在婚姻里做一个坏女人，让男人学会照顾你，对你付出，那他就不会轻易放弃你们之间的感情，因为谁都不舍得放弃自己辛苦付出的感情。如果他从来都不曾为之付出过，那他也不会珍惜，就算把你们之间的感情丢掉，他也不会觉得可惜。

坏女人跟好女人不一样。好女人恨不得把自己全部都一下子给男人，当男人把一个女人了解通透后，就会对这个女人失去探索的兴致；而坏女人懂得一步一步地吸引男人不断地往前探索，自己也会不断地提升，增加自己的魅力，让自己在男人面前永远都是那么的耀眼。

男人喜欢坏女人就是因为她们懂得如何经营爱情，经营婚姻，懂得如何把握掌控男人的心理活动，而不会一味地迎合和付出，她们有自己的个性魅力，这样的坏女人才是婚姻里的主导者，面对婚姻里的琐事才能处于主导地位，而好女人则经常处于挨欺负的被动地位。所以，在婚姻中，一定要做个坏女人，才更容易得到丈夫的尊重和爱。

俗话说，男人不坏女人不爱，就说明了女人都喜欢"坏"男人，不要理解错了，这里的"坏"并不是真的坏，这里的"坏"是指男人会有自己的想法，适时地给女人制造生活的小情趣，给人一种痞气的感觉，莫名地吸引着对方。同样的道理，大部分男人也喜欢"坏女人"。在感情中，女人也需要适当的"坏"一点，只有这样，才能吸引男人的目光，让他一点一点地陷进去，最后爱之入骨。

那么，如何做一个"坏女人"呢？做到下面三点就可以了。

1. 稍微自私点，活出自我

很多女人，陷入爱情之后，心甘情愿地为男人改变自己，奉献自己，付出了一切，最终却被抛弃了。她们会疑惑，为什么会这样呢？明明我对他这么好，把我的所有都给了他，最终却落得这样的下场。其实，就是因为你太好了，才会导致这样的结果。

我从来不觉得对别人好有什么不对，但是在对别人好之前，请你稍微自私一点儿,先对自己好一点儿,好吗?

做一个自私的"坏女人",不再将自己所有的一切全都傻傻地付出去,爱人爱七分,留三分好好爱自己。自私一点儿,对自己好一点儿,不管什么时候,不要太在意别人的眼光,要听从自己的本心,找到自己本来的样子,接受自己,找到自己在爱情里真实的模样,爱上自己,然后,别人才会更爱你。

2. 适当地发脾气

在日常生活中,总会有这样的女人,她们性格特别好,从来不发脾气,但是她们却是十分委屈的一群人。她们一味地容忍、付出,会让所有的人习以为常。举个例子来说,脾气不好的人一次没有发火,大家会觉得他在变好;而脾气好的人,一次没忍住,发火了,大家会认为他变了,怎么这样了呢?事实就是这么残酷。

不要一味地容忍别人,弄得自己委屈巴巴的,遇到不开心的事情,那就直接说出来呀。大家都是第一次做人,凭什么你要一直让着别人呢?

做一个会发脾气的"坏女人",有自己的小脾气,这种所谓的脾气,是要有自己的原则和底线,不能一直忍让、毫无底线,你要让男人知道,我因为深爱你,才会为了你忍气吞声,但是我也不会一味地忍让,我也是有脾气的。人生而平等,生气了就直接说出来。只有这样,别人才知道你生气的点在哪儿,下次可以避开,而不是一味地容忍,一直让自己受委屈。

3. 会花钱取悦自己

在日常生活中,很多女人,觉得挣钱不容易,省吃俭用,却为了爱的人,花钱眼睛眨都不眨一下。我们在爱别人之前,能不能先学会花钱取悦一下自己,我们能不能在自己力所能及的范围

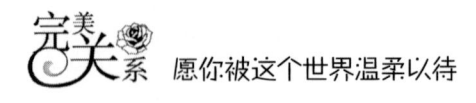

内，多爱一下自己呢？喜欢什么就去买什么！

　　学会为自己花钱，好好的花钱投资自己，要让自己变得越来越好，不要苛待自己，多爱自己一点儿，让自己变得更优秀。

　　做个爱花钱的"坏女人"，不仅会花自己挣的钱，还适当地学会花爱人的钱，你偶尔花男人的钱，会让男人有一种满足感，而你一直拒绝花他的钱，反而会让他们不开心。因此，喜欢什么，就去买什么，不要太心疼金钱。

　　两个人能够遇见，并在一起，是很不容易的。因此，在两个人相处的时候也是有小技巧的，做一个"坏女人"，让男人慢慢地越来越爱你，宠你到地老天荒。最后，希望所有的女人都能遇到对的人，找到属于自己的幸福。

缘分，绝对不是命中注定

　　"缘分"是什么？是直接或间接的"人为制造"。所有的命中注定，上天安排的缘分是不存在的，缘分都是争取来的。

　　有一则故事：

　　从前有个书生，和未婚妻约好结婚的时间。

　　到那一天，书生前去接亲，却发现未婚妻嫁给了别人。

　　书生受此打击，一病不起。这时，有一个路过的僧人看到他，从怀里摸出一面镜子叫书生看。

　　在镜子里，书生看到茫茫大海，一名遇害的女子一丝不

第五章 学会爱，懂得爱

挂地躺在海边。

……路过第一人，看一眼，摇摇头，走开了……

……又路过一人，他将衣服脱下，给女尸盖上，走开了……

……路过的第三个人，过去挖个坑，小心翼翼把尸体掩埋了……

僧人解释道：海滩上的那具女尸就是你未婚妻的前世！

你是第二个路过的人，曾给过她一件衣服，她今生和你相恋，只为还你前世赠衣之情！

……但是她最终要报答一生一世的人，是最后那个把她掩埋的人，那人就是她现在的丈夫！

书生大悟……

无论这则故事是真是假，但都说明了一个问题。那就是，相遇虽是一种缘分，但之所以两人能在某个地方相遇，是由彼此的努力而争取来的。

生活中的每一个举动都不是多余的，都是在争取。喜欢是一种缘分，之所以会被喜欢，是你在用你的行为举止、语言风度、颜值身材等争取到的；在一起是一种缘分，之所以能在一起，是因为付出时间、行动、感情等争取到的。

人们每时每刻都活在争取之中，只不过所争取的事物不尽相同。

没有什么所谓的命中注定，正如奇葩说薛教授所说，如果真的有命中注定，就如同两颗红豆在汪洋的绿豆中要去碰见彼此，概率约等于零。你认为的命中注定，只是你以为的命中注定，当你们分开了，你想通了，你就会觉得她不再是你的命中注定。

愿你被这个世界温柔以待

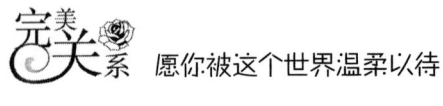

每个人都是独自一人来到这个世上,你与你的父母相遇就是一种缘分,并且你会随着年龄的增长,遇到越来越多的各种各样的人。有一天,你遇到了她,你认为是缘分,这无可非议,但和命中注定还是有天壤之别。两个人在一起,就是一个从认识到相知、相恋的漫长过程,绝不仅仅是因为那1秒钟的缘分。可以说,一切邂逅的本质都是碰巧的相遇,至于你和她的故事的发展只能完全靠你自己。

一段爱情,究竟是"命中注定",还是过眼云烟,主导权不是缘分所决定,而是在自己手上。除了自己,其他人都是你生命旅途中的过客。人生这趟列车,在哪里靠站,在哪里疾驰而过,又在哪里缓缓而行,作为列车长的你有权决定这一切。

两个人能走到一起去,成为夫妻,真的很不容易,成为夫妻就要好好珍惜,好好把握,互相理解,互相包容,今生今世才会幸福快乐。而人又常说"人生如戏",所以不平淡往往就是人生的常态,所以不要觉得每段缘分都可以到最后,如果到不了,那就要学会珍藏着回忆,期待下一段缘分的开始,因为有意思的不是那结局,而是身处这段缘分的你。

有些夫妻,不懂得经营感情,一旦遇到磕磕碰碰,风吹雨打,谁也不愿低头,不愿吃亏,大家就这么僵持着。这样时间久了,感情慢慢就淡了,曾经的诺言和约定都抛在脑后,也早已忘记初心,忘记了当初为什么要在一起,两个人因为不珍惜而散。

在茫茫人海中相遇,相遇时就要珍惜,不论在一起时是好还是坏,都要保持一个真善美的心态去善待对方,即使有一天你们的缘分走到了尽头,那也没办法。但是,不要悲伤,不要怨恨,更不要纠缠,几十年后一缕青烟,黄土做伴,依心而行,随遇而安。

第五章　学会爱，懂得爱

你明白了吗？你所谓的缘分都不是命中注定，而是努力争取的结果。

傻等幸福来敲门，还是算了吧

世上有一种人，固执地只讲一种故事。亲爱的，爱情从来不是逃避和躲藏后，期待对方的蓦然回首。爱情是需要努力地一步步靠近，最终相濡以沫。

李月跑来找闺密，望着她红肿的眼睛，闺密有些不忍再责备她，只能给她倒了一杯清茶，让她安静一些。

李月是个娇娇女，长得漂亮，家境殷实。不用干什么就有钱花，所以她有点儿高傲不屑的小公主气质，除了逛街娱乐，她也谈过几次恋爱，偏偏爱情总是不顺，追求者虽然多，最后等她动心了，又都离开了。她很痛苦，不明白是自己错在哪里了，还是自己倒霉总碰见负心的人。

闺密不知道跟她怎么说，只是告诉她：爱情只有爱是不够的，还需要两个人努力经营管理，才能长久保鲜。

女人一辈子一定要有一份势均力敌的爱情，才有资格谈男女平等，才会有底气说生活幸福。爱情宣言，留人留心，这种事自己不努力，谁也帮不了。

女人存在的方式，不是依附，不是献媚，不是牵绊，不是忍受,不是捆绑,更不是强悍。女人存在的方式必须是自立,拥有独立的思维、独立的人格、独立的意识、独立的经济,还要有一个独立的空间。

不管人生、婚姻还是爱情,只有努力成为更好的自己,上天才会赐予你更多逆袭人生的机会。记住,爱情保卫战一定是两个人共同付出、共同牺牲、共同努力、共同建造,才会有长长久久在一起的温暖如春的美好憧憬。

借用网上流行的一段话就是:"我努力工作,为的就是当站在我爱的人身边时,不管他是富甲一方,还是一无所有,我都可以张开双臂坦然拥抱他。他富有我不觉得自己高攀,他贫穷我们也不至于落魄。这就是女人去努力的意义。"

两个人在一起的时间久了,爱情会慢慢变得平淡,不再有当初的那份心动、脸红和无时无刻的想念,相反有时还会彼此看不惯对方,觉得对方不理解自己,各种委屈,各种抱怨,各种纠缠,各种争吵开始频繁起来,从而导致各种分手、离婚的交替上演。其实,爱情也是需要双方努力去经营的,那么,我们该怎么去经营爱情呢?

1. 站在对方的角度思考问题

在夫妻生活中,有时我们觉得对方不理解自己,不懂自己,不在意自己的感受,每当自己有这样的想法的时候,很多时候都可能是我们太顾及自己的感受而得出的结论,这时候尝试一下站在对方的角度去思考一下,或许又会有另外一番不同的体会。

2. 合理地提出自己的诉求

有时候可能真的是对方没有顾及你的感受,从而导致你出现委屈、不开心等各种负面情绪,但最好不要以此作为理由,跟对方发脾气或者争吵,这样只会让情况变得越来越糟糕。可以先让自己冷静下来，跟对方好好沟通，或者用一种对方容易接受的方式来提出自己的诉求。只有这样，对方不但会清晰地认识到自己的问题，同时还会因为你的大度而感到愧疚，从而会用各种讨好来"赎罪"。

3. 记下爱情中的小感动

在相处的过程中，不管对方出于什么原因，在口头上和行动上表现的各种讨好和付出，在当时肯定会让自己收获感动，就算是时间很短暂，这也就足够了。要学会收集这些生活中的小感动，需要多记得对方的好，对方不好的，也要想办法去包容。

4. 赞美对方的一点点小进步

我们每个人都喜欢被别人赞美，特别是爱情中的男女，不管自己做了什么，都非常希望得到另一半的认可。所以，在爱情中，千万不要吝惜自己的赞美之言，在对方每次取得进步的时候，要及时给予赞美，让对方在自己的赞美中更加努力。

5. 给对方彼此的私人空间

经营爱情，不是两个人天天腻在一起就是好的，就是爱对方的表现，毕竟每个人都有自己的生活，大家都会有紧急的事情要处理。况且好的东西，不一定要时刻享有，就好像有的人喜欢吃巧克力，但是如果让这个人一直吃，他也会受不了。所以，需要懂得给对方一定的私人空间。只有这样，才可以很好地建立双方的信任。

6. 打破爱情原有的生活方式

两个人在一起生活久了，总会不知不觉形成固定的生活方式，比如每天照常上班，下班后一起吃饭，吃完饭就一起看电视，以为生活方式类似古代的男耕女织一样就会很好。但有时太过固定的生活方式也不一定是好事，要学会改变一下这种原有的

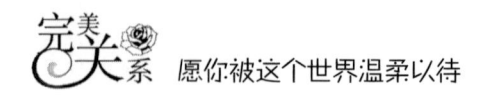

方式。比如两个人不在家里看电视，买票去看场电影；不在家里做饭，去外面餐厅任性一次；或者利用周末节假日两个人到其他城市走走、逛逛，来一场寻找初恋的旅游等。

搞定谁都不如搞定自己

雨果在《"诺曼底"号遇难记》中说："真正的强者是那种具有自制力的人。"

当所有人对"幸福"之感无法定义的时候，有些人却对"幸福"做了他自己别具一格的智慧总结：所谓的幸福，就是搞定自己，而搞定自己最关键也最深刻的一关就是控制自己的情绪。

如何把控自己的情绪，是每一个人毕生都要学习的一项技能，是我们感受"幸福感"的源头，是快乐之源，幸福之本，是建立健全人格的基石，而人格健全便是送给自己最好的礼物。

俗话说得好，人有七情六欲，事有悲欢离合，喜、怒、哀、乐所呈现的便是我们不同心境、不同场合之下情绪的宣泄。无论是喜也好，悲也罢，这就是真实的自己，不需要任何的伪装。

接纳真实的自己，是情绪管理的第一步，也是爱自己的唯美呈现。因为，每个人都会有优、缺点，即使是孩子也会有优、缺点，这些都是我们的特性，都是与生俱来的，无法更改；有些甚至还是后天养成的，可以通过坚强的毅力来自我修正。

认识自我是成长中最重要的一步，而认识自我之后的接纳自己则更为重要，因为，只有接纳了自己，你才能更好地修正自己。

如何搞定别人？很多人想到的都是首先聚焦于对方身上，想的都是如何从对方身上入手，寻找方法。其实，这就有点缘木求鱼之感，当然这也是自然而然本能的反应，会这么想也不稀奇。

放牛时，想要赶牛走得更快，第一反应就是跑到牛后头，用力去推它，但解决不了问题。因为方法不对，就算再努力，也收效甚微，真想要解决这个问题的根本，必须换位思考，找准要害，一击得手。赶牛走路，想要更快，更好的方法是牵着牛鼻子。

如何搞定别人？道理也一样，问题的关键不在于对方，而是自己。只要调整自己的思维，改变方法，改变自己，只要对方能够认可自己，问题自然也就解决了。否则，就算自己再努力，又能如何呢？

从中国历史来看，这样解决问题的案例有很多。比如，烧好了一锅水，为了止沸，最好的方式自然就是釜底抽薪。看水烧开了着急，想着用吹的方式将水变凉，肯定解决不了问题，如果能把锅底下灶里的柴火退一下，肯定很快水就不再开了。

为什么有些事情我们主观上感觉不可能完成，事实上也真的完不成？最根本的原因还是在于不得法，任自己有多努力，依然于事无补。如何搞定别人，难也就难在这里，想着的都是通过费尽心思改变他人的观点、行为来达到自己的目的，自然是不可能的。

最该改变的是自己，所谓得来全不费工夫，不是不费工夫，而是源于掌握了诀窍，能够四两拨千斤。搞定别人为什么很难？从这个角度去思考，自然就不难理解了，因为从他人身上去找答案，他人就占主动，自己被动，所以搞不定，这也符合常理，毕竟人心隔肚皮，我们怎么知道对方是咋想的？

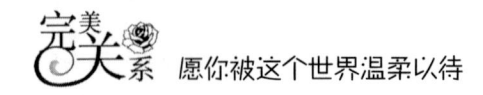

当然，能够搞定也不稀奇，只要把注意力从别人的身上转移到别人的真实需求上，然后调整自己的策略，满足对方的需求，自然就能搞定了。所以，需要做的其实并不是改变别人的认知，改变别人的看法，或强制别人认同自己的想法。不了解对方的需求和喜好，不管你多努力，始终都是徒劳无功。方法不得当，解决不了问题也是必然。

所谓将心比心，要让问题真正得到解决，就得站在别人的角度去思考。只有搞清楚状况，使用正确的方法，才能水到渠成。只有站在对方角度，弄明白了别人的真实想法，找准问题的核心，聚焦于上面去作用，才能实现自己的目标。

当然，即使明白了方法，知道了搞定别人的关键是先搞定自己，也不代表就真正解决得了问题了。毕竟要解决问题，还需要付诸行动。

有问题不可怕，问题永远都存在，自己最需要做的就是面对事实，想方设法了解问题的真相。只是一味地逃避，连现实都不敢去面对，就算自己想得再完美，也只会使情况变得更糟糕。只有积极主动地去面对，寻找真相，在行动中不断思考，才能得到真实满足，才能找到更好的方法来解决。

切入点对了，才能让自己越努力越幸运。

上帝创造我们，我们创造自己

有人说，为什么我要活在这个世界上，每天都要面对那么多

第五章　学会爱，懂得爱

让我烦心的事，为什么我不可以拥有与世隔绝的桃花源？这到底是为什么？

我想说的是：上帝创造我们，不是想看到我们抱怨自己为什么要活在这个世界上遭罪的。如果我们的人生从开始到结束都是一帆风顺，平静无波，那么，这样的人生，真的是你想要的吗？

平淡无奇，没有任何色彩，没有任何困难和挑战，每天面对的是灰蒙蒙的一切景象，生活在一个黑白的世界里。久而久之，我们对这样的生活就会感到乏味，又开始抱怨为什么我们的生活里没有出现过一丝色彩和波澜？我们为什么要活在这黑白的世界里，别人就为什么能够看到火般的红色、竹般的翠青？

到这时候，你是否想过，是不是自己本身造就了这一切？因为你的选择决定了你的往后余生。想要拥有色彩，就要品尝一下你所遇到的、所经历到的酸甜苦辣。

人生就像是一艘在大海上漂泊的小船，可以随意地驶向任何一个角落。在旁人眼中，或许这只是沧海一粟，但在你的眼中，看到的就不是别人描述的那样。你会站在正驶向某个地方的小船上，感受大海的清凉气息，被徐徐的海风吹拂，尝到带着咸涩味道的海水。在闲暇之余，还能和海中的小生物握个手，抚摸它们的小身体，和它们聊一聊你感兴趣的话题，或者这一路上你所见到的、所听到的小笑话，让他们和你一起分享这些故事与经历。

在这样的漂泊旅途中，经历不一样的生活，难道不是对你的人生又重重地添上一笔色彩吗？

有时候，或许你会在这样的旅途中感到厌烦，但是一定要坚持，因为坚持到最后的人才是胜利者；有时候，或许你会在夜深人静的时刻，想到自己曾经做过的一些可笑的事，觉得那时的自己好傻好傻，为什么要做那样的蠢事？

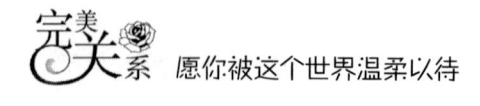

一想到当时的场景,你又会流下眼泪,边哭边懊悔,恨不得再回到当时的地方去改变历史。可是,人生真的可以重来一次吗?或许小时候的我们曾经天真地觉得可以,但是当自己内心真正长大了,你就不会像以前那样认为了。

从你生下来的那一刻开始,人生的起跑线就开始运转了,直到你生命结束的那一刻终止。一条长长的起跑线,一条长长的生命。

在生命的起跑线上,你会遇到怎样的风景,这是你自己画上去的,而不是别人为你代笔,你只需走个过场。为自己创造沿途的风景,你的人生注定和别人的不一样。

爱就要爱得漂亮

他见到她的第一眼,她还是个小姑娘,穿着白色T恤、蓝色外套走在回家路上。

到了青春期,爱情的种子开始在少男少女心里萌芽,他向她表白的时候才知道,她早已喜欢他很久了,只是一直羞于表达。而现在,已经是他们成为情侣的第八年,他们的生活依旧没有变。以前他们一个小学、中学,现在甚至他们的父母都搬到了一个小区。他的父母把他教育得特别绅士,对她也特别好。每年的节日、生日,他们都会一起庆贺,用心为对方准备惊喜。

在过去的一年半里,她去了国外读研,他继续在国内努力深造。就算这样,他们也还总是想要见对方,基本上每个月都要见面。每次他来找她的时候,她都会提前一周把所有事情做完。他们一起在家吃火锅,一起看电视连续剧。他为了她学会了摄影,从只会拿手机拍照,到现在的单反、航拍样样都玩得驾轻就熟。没事的时候,他会偷偷参考她的衣服颜色款式,去买新的衣服鞋服为她搭配。而在没有她的日子里,他每天认真生活学习,为了将来努力拼搏。

他们在一起以后,他告诉她,自己之前一直觉得她更需要爱情,但了解以后发现两个人都需要彼此,他们都是需要对方的关爱的。他缺乏安全感,向往一个美好的家庭。她也特别渴望安稳,这些让她意识到一个可靠的男生才是值得爱的人。

作为一个正常的成年人,我们每天都很需要对方的关心,每个人都是需要被爱、被关注的。很多人通过朋友、身边的伙伴来获取这种爱和关注,但有时会因为周围朋友、伙伴的关注度不太够,而选择另辟蹊径。

自从他们交往以后,彼此都变得越来越自信了,也都获得了对方的高度关注和赞赏。时间久了,他们都变成了更成熟、更自信、更值得互相依赖的朋友、搭档和爱人。

健康的感情里不可缺少的一定是交流,她和他无话不谈,如果有争吵一定会冷静下来全部理顺才结束,绝不留到下一次,给彼此心底留下芥蒂。当然,男生们都比较喜欢把事情先放下先睡觉,明天再说。因为他们认为自己只是不想看到对方的臭脸,不想看到她生气时的表情,这样会让他更加不想和对方沟通。但在他们两个人相处的过程中,他经常会反思,如果自己什么都不说

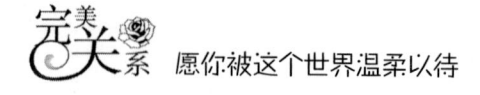

就去睡觉了，她一定会难过得彻夜难眠。所以，很多时候，他都是先妥协了。然后两个人好好谈一谈，没事了才去睡觉。

谈恋爱时总要有一方懂得妥协，两个人多多少少都会选择做点牺牲，爱情不是摘好洗好送到你嘴边的草莓这么简单，而是需要两个人一起栽培孕育的，不懂得经营，再好的牌也会打烂。

其实感情的事情只有自己知道，女生多多少少都会想象力丰富，处理事情难免会情绪化，放不下面子，做些傻事。不过不要因为一时嘴快而做一些后悔的事，伤感情不好。换个方向想一下，你也不希望受到伤害。其实世间的一切都是关乎心态，心态顺了，什么事也就顺了。

有人问，长久的相处要如何保持新鲜？大概就是两个人不停地进步，不停地在变化，永远都有新的闪光点可以让对方去发现。时光可以淡化一切，不是光阴在起作用，而是你的心境在发生变化。保持好的心态，保持新鲜感，去寻找属于你的爱情。

爱情是一个很好东西，只要我们在恋爱中多一份好的心态，那么你就可以得到幸福，换言之，你对于爱情过分要求，甚至过分贪婪的话，那么得到的也是一种不幸，每一个人都有自己的爱情观点，但是几个基本的心态是必需的。

很多人在恋爱中总是会对对方有很强的需求感，总是想要掌控对方的一切，当对方离开自己的视线就开始变得很焦虑，打电话发微信寻找对方，当对方不能及时地接听电话和回复微信时，就胡乱猜疑，然后在对方回复时就一通埋怨，对方不能接受提出分手时又只会怪对方不够爱自己。在恋爱里调整好自己的心态，是非常重要的。

1. 多为对方思考

两个人在一起容易出现矛盾，其实很多时候就在于每个人都有自己的主观意识，总是会认为自己是爱对方的，所以自己这样做是为了对方好，所以很多的时候你懒得和对方沟通，只是想就这样过去就好了。可是，随着两个人相处的时间越来越长，你会发现你们的矛盾并没有得到解决，那些你认为为对方好的，在对方眼里全是不好，你们之间的矛盾也愈演愈烈。

你不是她，不知道她想要的是什么，不知道她真正的想法是什么，所以对方就会产生了疑虑，安全感就自然而然的不足了。所以，如果想要让对方对你有安全感，你必须知道对方想的是什么，要的是什么，多为对方思考，抛开你自己的想法。

2. 电话轰炸不是爱

很多人在恋爱的时候总是喜欢去查对方的行踪，不停地电话轰炸对方，认为通过这种方式可以让对方知道你有多在乎和爱对方，但是这只是你单方面的想法而已，你这样不停地去查对方，就是对对方的不信任，也会给对方带来很大的心理压力。爱情里适度就好，不要做得太过，过了就会适得其反，给彼此留一些空间也是很好的。

总之，在爱情里不要总想着管对方、约束对方就是爱对方，你要调整好自己的心态，做好自己，才能让对方不断地主动为你投入。

不漂亮，爱情也可以很浪漫

马斯洛认为，在爱情中，人们应该做的事情就是顺其自然。

而且，心理健康的人更容易达到忘我的境界。忘记自我可以使我们的大脑更加有效地进行思考、学习以及从事其他活动。

没有选择性的认知，意味着按其本性接受一个人，而不是试图对其进行控制或加以改变。支配、干涉甚至改变对方的方式是违背了两性交往原则的，并不利于彼此之间的进一步沟通。马斯洛说，世界广大，视若空荡，时光流逝，置若罔闻。正如人在音乐中会完全忘记了自我，这种忘我之爱才真的让人珍惜。

对于爱情，很多人自己内心都有一个标准：爱情是一种浪漫的体验。这种体验使对方的一切在恋爱者的眼中都是一种美好。爱情中不能没有浪漫，没有浪漫也就没有了滋润爱情的土壤，然而，爱情毕竟只是一种主观的、很缥缈的感情，总是依赖于一些显现的事情上，没有现实做基础的爱情是不牢固的，总有一天泡沫破了，梦也就醒了。

爱，是柔和的、温暖的，而如果我们在爱中抱有某些目的，例如，试图改变对方，使爱人与别处或者以前认识的其他人相比较，就难以完全融入爱的体验中。那样，爱，也就显得不太美好和令人幸福了。

浪漫女和现实男是一对恋人，两人如胶似漆地相爱着，真可以说是一日不见，如隔三秋。

一次，浪漫女为了考察现实男对自己的忠诚程度，就问："你到底爱我有几分？"

"十二分的爱你。"现实男回答。

"那假设有一天我去世了，你会不会跟我一起走？"

"我想不会。"

"那你会怎样？"

"我会好好活着。"

浪漫女很伤心,深感现实男靠不住,一气之下和现实男分开了,去远方寻觅真爱。

浪漫女首先遇到了甜言,接着又碰见蜜语,都在相处一段时间后,均感不合心意。浪漫女通过比较,觉得现实男还是更出色一些,就又来到现实男面前。此时,现实男已重病在床,奄奄一息。浪漫女痛心地问:"你要是去世了,我该咋办呢?"现实男用最后一口气吐出一句话:"你要好好活着。"

浪漫女猛然醒悟,可这时候已经晚了。

人们总是发现,走了一圈,又回到了原点,不免懊悔浪费了大好人生。所以,要设身处地地感受,顺其自然地爱,而不是因爱毁了自己的人生。

真正的浪漫不是甜言蜜语,也不是死去活来的心灵激荡;它更应该是一种现实的温馨与美好,是一种全心全意为对方着想的相互关心——这才是爱情的真谛。真正的爱情只有蜕变成亲情才能长久,浪漫只能是一时的花前月下,再美丽的爱情到最后也要回归平淡。

人生苦短,几十年光阴,如梦般飘逝无痕,如果能和自己心爱的人,在夕阳下相依携手看天边的浮云,看秋天飘零的枫叶,这何尝不是人世间最大的幸福呢?真正的浪漫并非全是烛光晚餐加玫瑰香槟,浪漫有时候只是一种质朴至纯的情感表达,并不需要过多的物质条件。浪漫不是华丽的语言,它需要我们用行动来表达。浪漫,从来都是一种相濡以沫的支持,或是风雨中一起面对的豪情。浪漫,本色至纯。

走进对方内心的方法

俗话说:"开心就是健康。保持轻松愉快的心情比吃良药更能解除病痛。"我相信,尽量保持良好的心情,在恋爱中十分重要。

心情好的话,就会更接近恋爱,心情好的人,也会更好地抓住美好的恋爱。所以在恋爱之前,有很多重要的事情,首先要注意自己的心情。这是为什么呢?心情不好的人很烦躁,所以也会让和他在一起的人不舒服。基本上,恋爱如果没有高扬的心情的话,很难开始,心情不好,可能就错过了恋爱的机会。

心情不好的时候,总是抱着"负面的想法"。这种时候不仅限于恋爱,即使是在工作、娱乐、购物的时候,如果心情不好,选择好东西的判断能力也不足。因为很容易自弃,所以很难找到美好的恋爱。

另外,"物以类聚",人与自己相似的人更容易结合。举例来说,自己抱着不平、不满、苦闷的时候,想和开开心心正能量的人在一起是很难的,因为对方如果每天都看到这样的你,也会变得更烦躁更郁闷,甚至都不敢接近你。

自己幸福的人,才会让别人幸福;自己不幸福,可能也不会让对方感到幸福。要想抓住美好的恋爱,首先必须要让自己心情舒畅。

认真地意识到并把握好自己的心情是很重要的,更重要的是，通过调整良好的心情，能得到很多好的机会，包括生活、工作和爱情。做自己喜欢的事，去享受自己在整个过程中得到的每一份美好的心境。

开心也是过一天，不开心也是过一天，为什么要不高兴呢？好心情是万事顺意的基础，不要把自己的心情搞得很糟，好好地审视一下自己。

短时间内心情不好，其实都应该是时间可以解决，只要行动起来就可以消除。如果有解决方法，还是马上行动起来比较好。

每个人都希望自己生活得很开心，但是生活中总是会遇到一些糟心的事情，心情自然不可避免地会受到一些影响，我们应该及时调整好心态。那么不开心的时候，我们要怎样去调整自己的心情呢？

1. 自己与自己对话

很多人都认为自己与自己对话是一件特别搞笑的事情，其实这是一种最简单的发泄苦闷和负面情绪的方式。负面情绪需要一个突破口来宣泄，如果一个人心情不好也不愿意说话，那么负面的情绪就会不断累积，从而带来更坏的影响。

如果你在生活中遇到了一些小的烦恼或问题，可以试着与自己对话，自己开导自己，或者将烦恼说出来，整个人也会轻松许多。

有的人可能会选择与其他的人倾诉自己的坏情绪，但并非每一个人都是好的倾听者，也不能保证每一个人在了解了你的负面情绪后，就能帮助你有效地缓解。所以，自己与自己对话是最安全、有效的舒缓情绪的方式。

2. 把自己的烦恼写出来

不是所有的烦恼都能与人共享，不是所有的人都愿意倾听你

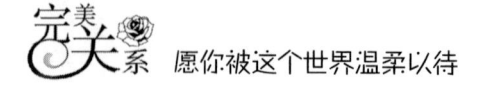

的烦恼，所以当你遇到了一些烦恼的时候，建议你把这些烦恼写在纸上或者打在电脑上。写完后你会发现，自己整个人明显轻松了很多，人也变得非常积极向上，抗压能力也得到了明显的增强。

3. 做自己喜欢的事情

当我们在生活中遇到一些不开心的事，我们暂时不要一直去想他，可以做一些自己喜欢做的事，分散自己的注意力，不但能体验到乐趣，还可以缓解糟糕的情绪。

其实每一个人在生活中喜欢做的事情都不一样，有的人在心情不好的时候会通过吃很多甜食来缓解糟糕的情绪；有的人会去疯狂购物，在不断刷卡的过程中忘掉烦恼；还有的人一旦不开心就会默默地洗衣服做饭收拾东西，在整理东西的过程中厘清思绪，其实这都是宣泄的方式，也是一种健康的排解负面情绪的方法。

4. 与宠物分享自己的秘密

秘密不是谁都可以与你共享的，也不是每一个你身边的朋友都可以帮助你保守秘密的。但是，宠物却是你最好的伙伴和最忠实的听众。当你有一些令自己觉得尴尬和烦恼的小秘密的时候，可以对自己的宠物说一说，它可以大概理解你的意思，也会用坚定的目光来鼓励你，不妨试一试，一定会有不错的效果。

如果你在生活中遇到了一些烦恼，如果你在工作中遇到了一些难题，出现了心情不好的情况，那么不妨试一试上面的这些方法。

心情好的人，也会让他身边的人们心情开朗，这样就会有更多的人聚集到你身边，自己也会被很多人所喜爱。因此，如果想让自己身边有好的、正能量的另一半，就要先控制好自己的心情,每时每刻拥有快乐的心情,当你自己都很喜欢自己的时候,喜欢你的人就马上会降临了。

幸福就是我们在一起

什么是幸福?幸福就是和爱的人在一起。

这里的"在一起"不是简单的住在一起,吃喝在一起,生活在一起,而是夫妻同心,一起去面对婚姻中的艰难困苦,一起去分享婚姻中的喜怒哀乐,只有在婚姻中一起偕行,才能最终收获完美的幸福。

能和最爱的人生活一辈子,是很幸运的事情,但生活中有太多的造化弄人,往往相爱的两个人并不一定会在一起结婚生子。其实换个角度想一想,相爱的人走进婚姻围城也不见得收获幸福;不是特别相爱的人,在共同经营婚姻的过程中,倒也有极大的可能收获满满的幸福。

很多人结婚的时候并不是因为爱。有的是频频相亲已经到了麻木的境地,正如菜市场买菜一样,工作单位好不好,有没有房子,身高怎么样,体重有多少,林林总总的硬件评估完就不知道感情在哪里了,因为没有自由恋爱的感情基础,又掺杂了太多的硬件标准,生活中谁也不肯为谁折腰。还有的人是因为被对方感动,或者被家里逼婚形势所迫,这种情况下进入的婚姻由于根本不懂什么叫爱,就稀里糊涂地进入了人生最关键的开端,虽然没有被迫的成分,但婚后也谈不上甜蜜。

完美关系 愿你被这个世界温柔以待

琳达就是那个因为感动而进入婚姻的人，老公人不帅，但是他很痴情，从高中到大学追求了她8年，她毕业就回到了家乡，为追求踏实稳定，也就答应了他的求婚。

两个人婚后没有到过不下去的程度，琳达自己努力工作，带孩子，老公也是每天朝九晚五上班。可渐渐的她发现，原来那个痴情的老公变了模样：每天都不喜欢待在家里，总是要去和朋友打牌喝酒。对孩子的事情也不管不问。

为了孩子上学，他们在靠近中学的地方买了房子，房子装修的几个月，老公一次都没露面，琳达工作之余要找设计、跑建材市场、盯现场、沟通装修细节，还要接送孩子上下学、洗衣做饭。装修师傅开玩笑地跟她说："我老李干了快20年装修，还是第一次装修的时候从来没见过男东家。"

儿子中考前，琳达每个周末和晚上都要陪他练跳绳和跳远，而她的老公、孩子的爸爸，只是一味地看手机、玩游戏，仿佛这些事情都和自己无关。

这种"丧偶式"婚姻让琳达练成了铜墙铁壁，心坚硬得没了半点儿柔情。她一直在苦苦支撑，为的只是给孩子一个安稳的成长环境，让孩子健康长大。

人生短暂，不过几十年，现在过了一半了，还有一半，难道就要这样继续"丧偶式"婚姻，一个人麻木地过下半生？

要想收获幸福，一个人奋斗肯定不行，因为婚姻本来就是两个人的事。那么，夫妻间到底怎么样才算是在一起呢？

1. 家务一起做

家是两个人一起经营的家，同样地，家务也是需要两个人一起来经历的。两个人在一起不仅仅是三观一致就能长长久久的，时间长了，需要经历的生活琐事就会很多，比如每天洗臭袜子，每天收拾满是油渍的碗筷，每天面对堵在下水道的头发等。看起来简单的家务活，事实上做起来却是让人无比崩溃和疲惫。所以，不要把这些看似简单而实际烦琐又令人头痛的家务放在一个人身上，两个人一起承担，可以减少很多不必要的矛盾，还可以提升两个人的感情，何乐而不为呢？

2. 遇事不责备

生活在一起的两个人，都会遇到很多的生活小事，或者是不小心摔碎一个碗，又或者是不小心打翻了一个东西，有些人就会因此责备对方。你要知道，因为这些小事不断地去责备对方，很容易将两个人的感情慢慢消磨掉。生活都那么辛苦了，没有必要因为一些小事就去责备挖苦对方，导致两个人都不开心。能在对方做错事情或者遇到不顺心的事情的时候抱一抱她（他），说声"没关系"，多好。

3. 一起聊天

两个人会选择在一起，起初都是因为聊得来，为什么到最后分开的原因却是聊不来呢？平时除了上班睡觉，每天两个人能在一起好好聊天的时间已经很少了，可是现在回到家里，每个人都是各自抱着手机刷抖音、刷朋友圈、刷微博，却完全不理会就在旁边的另一半。要知道，交流是可以拉近两个人的感情的，如果交流都没了，就会导致两个人的心慢慢疏远，也就会导致从因为聊得来而在一起到因为聊不来而分开的结局。所以，两个人能在一起，就放下手机多聊聊天吧。

第六章

幸福就是
和寂寞说再见

寂寞是成长的枷锁,它会锁住我们快乐的心。寂寞也是独立的训练营,可以让我们内心更加坚强。和寂寞握个手,然后说再见,潇洒地迈向明天……

第六章　幸福就是和寂寞说再见

幸福，并非遥不可及

幸福就在我们生活中，等着我们去发现。

很多人都想收集身边的幸福，成为一个幸福的人。可是，幸福往往不可捉摸，更多时候会藏在平凡之中。

如果说人生是一个舞台，那么幸福就是一个谦虚的配角，在被发现之前都安静地扮演着路人甲之类的小角色，如果一不留心，你恐怕就会错过这些小幸福了。

简单就是幸福，离我们并不遥远。

楼下搬来一对老夫妻，他们住在1楼。老夫妻的窗下有一小块空地，夫妇俩就把它开发成了一个小菜园。每天早晨6点钟，随着一曲优美的音乐响起，夫妇俩就伸展腰肢打太极拳；中午，两个人在小菜园里侍弄花花草草，扦插栽种、除草施肥、捉虫浇灌，乐此不疲，每每看到老头的汗珠从额头滚下，老太太就笑眯眯地走过去，用小毛巾为他擦拭，老头报以微笑之后就继续忙起来；下午，他们沐浴着阳光，听着梨园春细细品茶，老头躺在躺椅上晃晃悠悠，老太太紧挨在旁边坐着，编织各类毛线玩具。

这样的画面周而复始，让我们这些年轻人好生羡慕。

一个周末的下午，看到老头正在整畦，不知不觉走近他们的栅栏旁。好客的老头停下手中的活儿，一边捶着后背，一边招呼我到家里去做客。老太太笑呵呵地念叨着："清明前后，种瓜种豆，老头子怕错过季节，这几天正忙着呢。"

盛情难却，步入了他们家的小院子，顿时，一缕龙井茶的香味扑面而来。看来，这老太太泡茶的功夫不错。我被两位老人脸上幸福的笑容感染了，心情也开始明朗起来。

聊天中得知，老夫妻已经70岁了，都是退休干部，只有一个独生女儿，在北京经营房地产生意。我不解地问："你们干吗不去跟女儿享福，却在这穷乡僻壤的小县城生活，每天还这么辛苦地伺候这些花花草草、萝卜青菜？"

老头说："孩子，你不懂，我们这叫享受生活。平平淡淡活到老，真心实意过一生，多好啊。更何况我们还有一片属于自己的空间，亲手种植黄瓜、豆角、西红柿等蔬菜和花草。虽然每个品种仅仅几棵，一到收获季节，果实累累，秀色可餐啊。这样我们既锻炼了身体，又找到了生活的乐趣。"

老太太那堆满皱纹的脸，笑得像绽开的菊花。栅栏四周金灿灿的油菜花被春风一吹，摇曳生姿，散发着阵阵清香。

"孩子，过几天别忘了来我们这里摘新鲜蔬菜吃啊。"

我谢过老夫妇的盛情邀请，原本郁闷的心情开始愉悦起来。

幸福，原来如此简单；幸福，其实并不遥远。

第六章　幸福就是和寂寞说再见

相见不如怀念

总以为可以有机会再相见，分别后多年才明白：有的人相见，不如怀念。相见是一种缘分，不见是一份遗憾。然而，很多时候，相见不如不见。

一个哥们在读高中的时候深深地喜欢一个女孩子，为她神魂颠倒，每天看不到她都会很抓狂，整日恍恍惚惚，上课没精神，可谓茶不思饭不想。这样苦苦相思2年后，他终于鼓起勇气向对方表白了，而那位美丽的姑娘说，自己其实也一直暗恋着他。从此两人开始了甜蜜的热恋，并相约半年后考取同一所大学。可后来，女孩真的如愿考上了深圳一所不错的大学，哥们却落榜了。女孩也很无奈，只得一个人去学校报到了。

哥们伤心之余重新回校复读，发愤图强，1年之后也如愿考上一所名牌大学。他原以为上大学后就可以忘掉这段伤心的恋情，然而当他在校园看到卿卿我我的恋人，更加忘不了曾经求而得不到的伊人。大学毕业后，他独自南下到深圳，希望能在茫茫人海中再次遇到当年朝思暮想的人。

经过多方打听，终于在深圳找到了那个女同学。这时她已经是一个1岁小孩的妈妈，丈夫不久前出车祸去世，女同学对他的出现也是感动得潸然泪下，愧疚加感动，一见面就

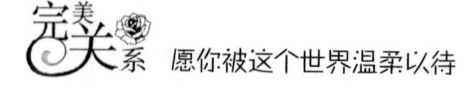

扑到他的怀里。哥们却如五雷轰顶，茫茫人海苦苦寻觅的良人，一见面曾经的朝思暮想却荡然无存，他以为对方还是曾经那个不沾染一丝俗尘的小仙女，可眼前的分明是一位朴实随意的普通妇女啊。

哥们勉强和她回忆了一下读书时那白衣飘飘的年代，礼貌地离开她家。清代才子纳兰性德道："人生若只如初见，何事秋风悲画扇。等闲变却故人心，却道故人心易变。"人生如果总像刚刚认识时那样的甜美，那样的温馨，那样的深情，那样的无所顾忌，该是一件多么美好的事。可随着时间的流逝，人在变，世界在变，我们在成长成熟，回忆也随之变了模样。

人生是一场丰富多彩的旅行，随着岁月的累积，慢慢地，我们在对待一些事情上便学会了不再忧伤。就像上天注定的一样，很多事情已经完成了既定的相聚，就不会再去回首、去叹息，有的也只是怀念罢了。

茫茫人海，缘来缘去，一切似乎都早已注定。很多事情就像过眼云烟一样，消散而去。回想过往，很多的朋友、同学似乎已经很长时间没联系了。看着那许许多多的联系方式，不觉心生感叹。有很多时候，其实并不是不想去联系，只是生活琐事繁杂，大家每天都在忙碌地奔波着，很难再有人生的交集。

人生是一场梦幻般的旅行，在"它"的旅途中，你会遇到很多人，大多数人都只是擦肩而过，也有人会陪伴你一段时间，但是最后也会因为有缘无分，各自走向自己的终点。

有一些人，"相见不如怀念"。能够遇见，本身就是一种缘分，至于是去是留，似乎早已注定好了。

第六章　幸福就是和寂寞说再见

　　地球不会因为你的伤心,而停止转动;太阳也不会因为你的失落,而不再升起。相遇一个人,只需要片刻时间,但是如果忘记一个人,常常是一生。回想曾经,那些不堪回首的往事,最后还是在岁月的沉淀中,慢慢地消逝!

　　缘分就像一本书,那些你随意翻看没有在意的篇章,就是错过的人。而那些你读得入神,让你感动得落泪的,就是你人生中在乎的人。对于以前的一切,我们能做的只有怀念,因为接下来我们还有更长的一段旅程要走。当你和一些人分散,接下来,你会遇到另外的一些人。而人生就是在这样的"聚散"中度过的。

　　在人生的旅途中,有很多的选择与放弃、相聚与离开,冥冥中似乎都早已注定。分散,盼你暗火如初;相聚,愿你牵手相伴。

人生是花,而爱是花蜜

　　法国著名作家雨果说过:人生是花,而爱是花蜜。

　　爱情这两个字在深爱的人眼里是神圣的,在得不到爱情的人眼里是可望而不可即的,很多人说爱情是甜蜜的,但也有人说,自己的爱情是无比苦涩的,这大概就是他获得的爱情给他的第一感觉吧,但从整体上而言,大多数获得爱情的人都觉得爱情是甜蜜的。

　　到底在我们的认知中,什么样的方式才算是甜蜜,什么样的瞬间才是爱情最甜蜜的样子?

完美关系　愿你被这个世界温柔以待

有人说，爱情最甜蜜的时候就是当两人都七老八十，还可以一起搀扶着去逛街，去旅游，去做年轻人眼里都是浪漫的事情，是分明到了爷爷奶奶的年纪却依然可以喊对方老公老婆的时候，这个听起来是毫无问题的。的确，对于老年人而言，能做到这一点绝对是他们那个年纪最甜蜜的爱情了。

而对于已婚的夫妻，他们之间最甜蜜的爱情表现方式又是怎样的呢？

有人说，是可以在不用管孩子的时候有一场夫妻的二人旅游，是可以在孩子睡后有促膝长谈的机会，是在结婚多年后依然有时间去电影院一起看电影，陪对方去逛街，可以一起做恋爱时做过的所有疯狂和搞笑的事情。在怀念和浪漫中度过夫妻间枯燥的生活，这样的爱情方式大抵就是对已婚夫妇来说最好的甜蜜了。

也有人说，是在不需要改变对方的观点下，一起陪他走下去，一起承担，一路同行，默默支持，这其实也是一种甜蜜的体现方式。

有一种甜蜜的爱情是大家普遍认可的，那就是爱情里最好的甜蜜无非就是我崇拜你，你宠爱我。具体就是在爱情中，女人对喜欢的男人多少要有一些崇拜感，如果没有崇拜，这种爱情是比较糟糕的。而男人呢，也需要对心爱的女人有一些宠爱，如果没有宠爱，那爱情无疑是纸上谈兵，名不副实。

在爱情中寻找到甜蜜感觉，对于热恋中的情侣来说是最容易的，因为对于情窦初开或者刚刚恋上对方的年轻人来说，他们的甜蜜则显得更加简单，网上有句话流传得很广："我就安静地待在你身边，什么也不做什么也不说，抬头就能看到你，我觉得足够了。"对于热恋中的情侣，可能在一起就是最甜蜜的时候了。

第六章　幸福就是和寂寞说再见

恋爱是每一个人一生中最值得去回味的事情，有的人已经尝过了恋爱的辛酸苦楚，不愿再次被伤害。有的人还没有恋爱的经历，心里一直向往的都是甜蜜。

不论是过来人，还是未来人，对于甜蜜的恋爱，都有自己不同的定义。那么到底甜蜜的恋爱是什么样子的呢？我觉得，甜蜜的恋爱，应该是具备以下几点。

1. 每天都想听到对方的声音

甜蜜的恋爱一定是两个人彼此深深相爱的，两个人都期待着与对方再靠近一步。每天都会想念彼此，都恨不得每时每刻都待在一起，与对方一起经历一天的喜怒哀乐。希望听到对方的声音，对方的笑声就像是动听的乐曲，让自己心情舒畅。听到对方叹气，就会立马忧心忡忡，担心他受到一点点的委屈。不论是对方的笑声还是叹气声，都想要听到对方的声音，这样才能确保他还陪伴在自己的身边，确保对方一切平安。

2. 睁眼和闭眼的前一秒看的都是与他有关的东西

如果你们是一对甜蜜的恋人，那么你们早上起床想到的第一件事肯定就是对方。思考着这只小懒猪醒了没有，有没有在梦里想着我呢……然后拿起手机，给对方发过去一句：早安。

吃早餐的时候也会担心对方会不会忘记吃早餐，要拍一张自己的早餐照片发过去炫耀一番，实际是想提醒对方，要好好吃早餐。

一天忙碌的工作结束，在睡觉之前，还要和对方煲个电话粥，然后，万分甜腻地说完晚安，才依依不舍地闭上眼睛。

3. 喜欢憧憬两个人的未来

一段甜蜜的爱情，一定是对未来充满憧憬的。两个人一起憧憬着未来，憧憬着一起奋斗、努力，赚钱买房买车，走进婚礼殿

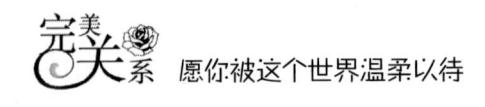

堂，给彼此许下最最珍重的承诺。幻想着未来两个人的每一个假期如何度过，幻想着有了小宝宝要叫什么名字，想象着小宝宝的模样，讨论着未来孩子的教育问题。

一切都还没有经历，却因为两个人的深爱，聊得有板有眼，好像未来就在眼前，好像未来就在明天。

生活可以平凡，但爱情不能枯燥

感情变得平淡，只是因为你们不会爱，当你学会怎样去爱对方，感情会变得更加浓烈。

在生活中，有不少男人认为只要给妻子稳定而富足的生活才是对她的爱，他们只愿把成功的荣誉、上等的衣服包包带回家，而不愿与妻子分享自己脆弱和无助的一面。一旦事业进展得不顺利，他们便想方设法瞒住妻子，唯恐她感到害怕与不安。他们耻于承认自己的失败；他们也从未想过，真正幸福的婚姻其实是，无论福祸，都要与爱人共同分享和承受。

善于倾听的女人，能够给自己的爱人带来最大的安慰和宽心。但是，生活中也常常见到一种现象：一些男人很想把自己的烦恼说给太太听，但是太太却不想听。

引述一位心理学家的话："一个男人的妻子所能做的一件最重要的事情，就是让她的先生把他在办公室里无法发泄的苦恼都说给她听。"这个调查报告同时也指出，男人需要的是主动、机敏的倾听。

第六章　幸福就是和寂寞说再见

任何一个曾经在外面工作过的女人都会了解到，如果家里有个人可以谈谈这一天所发生的事情，不管是好是坏，都是一件很放松的事情。因为在办公室里，我们常常没有机会对所发生的事情表达意见和看法，在公司如果项目进展得特别顺利，我们也不能在那儿开怀高歌；而如果遇到了困难，关系最好的同事也不见得愿意听这些麻烦事，他们自己已经有够多的工作烦恼了。于是，当辛苦地工作了一天回到家里时，人们往往会有一种一吐为快的心情。

最常发生的事情往往是这样的：丈夫回到家，上气不接下气地说道："老天！亲爱的，今天真是个值得庆祝的日子！我被叫进董事会里，汇报有关我所作的那份区域报告。他们还想听我的……"

"真的吗？"妻子心不在焉地说。

"那真好，亲爱的，快来！吃点儿我刚做的酱牛肉吧！对了，我有没有告诉过你，早上来修理火炉的那个人？他说有些地方应该换新的了。你吃过饭后去看一下好吗？"

"当然好，宝贝。就像我刚才说的，董事会听取了我的建议。说真的，起初我真有一点儿紧张，但是我终于发觉我引起他们的注意了。"

妻子插话道："我常认为他们不了解你、不重视你。哎，对了，你必须和儿子聊一聊他的学习问题，这学期他的成绩实在是糟糕透顶，他的班主任说如果儿子肯用功的话，一定可以取得好成绩。对他的学习问题，我现在真的无计可施了。"

到了这时候，丈夫才发觉在这场争夺发言权的战争中自己已经彻底失败了。于是，他只好无奈地把这事放到一边。然后，解决有关火炉和儿子教育的问题。难道他的妻子真的如此自私、只在乎自己的问题吗？当然不是。其实，她和丈夫一样，都想倾诉一番，只不过，也许她把自己倾诉的时间搞错了。

其实，她只要耐心地听完丈夫在董事会上所出的风头，等丈夫把自己的情绪释放完了以后，就会很乐意听她大谈家庭琐事了。善于倾听的女人，能够给自己的丈夫以最大的宽慰。想想看，一个文静、善于倾听的女人，她所提出的问题又显示出她已经把对话中的每个字都消化掉了，这种女人最容易在社会上取得成功，不仅会在她先生的圈子里取得成功，也会在她自己的闺密圈里取得成功，这是她拥有的一项无法估价的资产。

婚后磨合，应该理智地去对待。

热恋中的男女双方，到了谈婚论嫁阶段，都对婚后生活充满着美好的憧憬。有句话说得好：热恋中的男女智商为零，这种说法虽然有些夸张，但表明了恋爱中的男女都比较冲动，感情用事。由于爱，他们往往只看对方的优点，而对对方的缺点却视而不见，甚至把一些缺点也看成优点。再加上接触的时间有限，相处不多，彼此都有意识地把自己不好的一面隐藏起来，因而就更难以全面认识对方。

结婚以后，夫妻彼此朝夕相处，相互加深了解，原先不可能了解的一些情况，如吃东西的喜好、睡眠的习惯、特定条件下的感情、生理习性等，都毫无保留地展现在对方眼前。因此，各自的缺点和不好的生活习惯也都逐渐暴露出来。

第六章 幸福就是和寂寞说再见

新婚夫妇小马和小丽结婚半年后,就争吵不断。原来,生活习惯上的不同让他们发生了一些摩擦。

小丽嫌老公不讲卫生,见到老公不注意卫生时就发飙:"你又往马桶里扔烟头了,你知不知道,这样弄得卫生间全是烟味,还会堵住马桶?"

"这有什么?烟味你都能闻了,还怕这点儿味,我保证给你冲下去。"

冲完马桶,小马过来想亲热;"老婆,我冲干净了,赏我一个吧?"说完,就把嘴往小丽脸上拱。

"去去去,臭烘烘的,还满脸胡楂,一点儿都不注意个人形象,刮胡子去。"小丽伸手去挡。

"这不周末嘛,在家刮什么胡子啊!"

"周末也要刮,我看着不舒服。咦,我发现你以前不是这样啊,怎么变得这么懒了,每天又脏又臭。"

妻子指责老公,是因为老公婚前婚后变化很大,有点儿看不惯老公的生活习惯。相比来说,男人在婚前很爱干净,非常注意形象,比如要去约会了,特意穿件好衣服,把皮鞋擦得特亮,在女人面前表现得很出色。婚后呢,既然终身大事解决了,他会把更多心思花在工作上,对个人的日常饮食、生活习惯不太在意,从而暴露出很多缺点。

从恋人变成老公,男人的变化是必然的,所以,妻子一定要习惯并接受这些改变。如何看待这些婚后才发现的缺点呢?这是夫妻之间相互适应的第一关。如果这个问题处理得不好,夫妻双方就产生隔阂,维系和增进夫妻感情就无从谈起。

想象中的事总是和现实生活有一定的差距,既然走到一起,唯一的办法是相互适应，努力尝试做一些改变，但不苛求对方。所谓的不苛求，就是指如果对方只是在性格、脾气、兴趣爱好、文化素养等方面有所欠缺，那就不能过于计较。每个人都有不同的性格，不能强求别人一定要和自己的想法和态度一模一样。

爱情总藏在温柔的心里

一个人的才华再高，成就再大，倘若他不肯或不会做一个温柔的人，体贴的人，他的魅力就要大打折扣。

温柔其实不是一种态度，而是一种感觉。当对方做了一件让你觉得很可爱、很调皮或者很搞笑的事，你内心也会感觉有一阵暖意的，那也是温柔。"余生的岁月，我愿以温柔待你"，温柔是感情里双方都期盼的，遇见温柔的人，会让相处的矛盾减少很多。

温柔对于一段感情和一桩婚姻来讲，是最好的融合剂，当你们不再腻歪的时候，当你们因琐事产生分歧的时候，当你们彼此对对方失望透顶的时候，往往又会因为对方的一次温柔，而又想与对方亲近，冰释前嫌。

多少甜蜜情侣期待着婚姻，想象中的婚姻生活。两个人，一张床，两双筷子，在一个锅里吃饭，你喂我一口我喂你一口，看看电影散散步，然后，再生个娃来圆满人生！可是，当结了婚，他们却发现以前天天怀念着浪漫，结婚后却变成了拌嘴、吵架、处理家庭关系。有时候，他们就暗暗后悔，真不应该结婚。

第六章 幸福就是和寂寞说再见

为什么很多人结婚后，发现生活跟想象的不一样了，觉得要守护一辈子的那个人变得面目全非了？正是因为缺乏了结婚前的耐心与温柔。以前可以以无比宽大的胸怀包容对方的小缺点、小毛病；结婚后，想想这样日子还有很长，于是对以前的小缺点、小毛病就越看越不顺眼，然后摩擦不断，然后歇斯底里地争吵，甚至到了放弃这段婚姻，各自解脱的地步……

生活中不乏这种例子。本来大家眼中的金童玉女，最终却走到了分道扬镳的地步，当初的郎情妾意，最终闹成了老死不相往来。其实，不经意间的温柔最容易融化人心，在婚姻生活中学着温柔，会给感情增色不少。

那么，对于结婚前郎情妾意、你侬我侬的两个人，在结婚后该如何做到温柔呢？

第一，想发脾气时，加一些撒娇与冷静的成分。

当两人准备吵架时，不要给自己思考如果尖酸刻薄地回怼对方的机会，虽然你觉得那只是气话，但在对方听来也是十分刺痛内心的。在这时，最好用一些无赖的方法，比如撒撒娇，或者只是假装生气："你是不是又在计划着怎么欺负我，快说快说。"对方面对突如其来的"变故"，不仅会把生气的一茬给忘了，还会思考为什么两人会想要吵架，这样矛盾便不解自和。

第二，时不时地放下外表包袱，做一个轻松的人。

不少人的外在包袱太强了，觉得自己是颜值担当，就不敢表露真实的感受。有一位女性朋友就是这样，她是公司经理，总是在公司里表现得不苟言笑，给人冷冰冰的感觉，但其实私下表现出来的小情绪和小表情让人感觉她很有趣。快30岁的人了还没有男朋友，虽然她也着急，但表现得很不主动，总觉得别人应该主动来表白她这座"冰山"。我有一次开玩笑说，就算有炽热的男人，靠近你也会冰冻住。她听到了心上，慢慢放开自己，时不时和同事开开玩笑，也开始参与公司聚会，后来另一个部门的同事向她表了白，说喜欢她很久了，只是总害怕被她拒绝。外在的包袱只会把自己封闭起来，何不放松一下自己，做一个待自己温柔，待他人温柔的人呢！

第三，不要把温柔单纯理解成安慰。

温柔不应该只是温声细语，也不只是那浅笑的样子，而是一个人表现出的不一样的自然可爱的一面。适当地放松自己，让自己在爱情中随和一些，宽容一些，弱势一些，那种浑然天成的温柔会让人更易于接受，也更乐于接近和爱。

恋爱的归宿是婚姻，婚姻的归宿是生活，生活的归宿是柴米油盐。所有的问题其实并没有想象得那么严重，为什么又要那么一板一眼呢。遇到问题，凡事慢一点儿，看小一点儿，带来的就是幸福和美满。

幸福没有一百分

人生没有完美，幸福没有一百分。如同月圆和月亏，一种是圆润的美，丰盈的美；而另一种是残缺的美、凄楚的美，人生又何尝不是如此？

人生没有真正意义上的完美，只有不完美才是最真实的人生；人生没有一帆风顺，只有披荆斩棘才能一往无前；人生没有永远的成功，只有在挫折中站起才是真正的成功；人生没有永

第六章 幸福就是和寂寞说再见

恒,只有闪光的人生才算是生命的永恒。

十年前我以为自己是一棵参天大树,十年后我才明白自己原来是一根小草;十年前我们可以说青春无悔,十年后我们只能说青春已不在;十年前我们游戏人生,十年后我们却处在人生的游戏中随波逐流。

学生时代的我们常常把人生比作一颗钻石,光芒四射,璀璨无暇,而当走向社会的那一刻,我们才知道,原来社会是如此的残酷。再有棱有角的钻石都会被人生的磨难打磨成一粒尘埃,被挤压在摩天大厦的最底端。

人生没有完美,只有完善;做任何事没有十全十美,只有尽量。人生总要有梦想,人生总要有追求;珍惜一份感动,怀揣一份梦想,就是最大的收获。

缘不会随意而来,因为相吸;分不会不期而至,所以要呵护。表面的冷漠,伤的是一颗心;内心的漠视,错的是一段情。世间向来没有无缘无故的好,也没有平白无故的爱,别把别人的付出当成理所当然,没有谁本该如此;人与人是平等的,爱你的人,愿意包容你的一切,但不会接受你的鄙视。

人生没有完美,遗憾和不如意始终都会存在,懂得遗憾,就懂了人生。美好的东西太多,我们不可能全都得到。佛曰:没有遗憾,给你再多幸福也不会体会快乐,我们的人生永远都不会完美。

人生无完美,曲折亦风景。当你偶遇不顺、遭遇不公、遭受不幸,就放平心态,人生不如意十之八九。有时你觉得步履维艰,前行缓慢,或许那是在爬坡;别把失去看得过重,放下是另一种拥有;不要羡慕他人,相信属于你的风景还在后面;要学会坚持与忍耐,谁也不知道你下一秒的收获是什么样的成功。

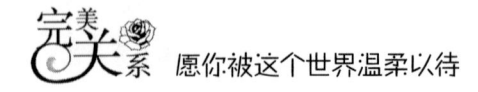

完美关系　愿你被这个世界温柔以待

在日常生活中，我们每一个人的内心，总是对一些人和事感到不满足，感到不够完美。

其实，世界上根本就不存在完美的人和事物。每一个人，都有你所不知道的缺点，只是，人们展现在别人眼中的自己，都是优秀的，而缺点是被深深地埋藏在心里的。每一个人都是"魔鬼和天使的化身"，只是，他们都是把美丽光彩的一面暴露在公众的视野，而内心不好的一面，别人也许永远都不会知道。

这就是人性的弱点，也应该是人性的优点吧。你想想，谁愿意把自己的缺点毫无保留地展现在别人的面前呢？这样的一种赤裸裸的暴露，自己的自尊无法承受，别人也不愿意看到吧。

人生没有完美，花开花谢，月圆月缺，自然万物循环往复，不完美才是自然的规律。与不完美的自己和谐相处，也可以让一切在心里实现它的完美，经历人生的风雨洗礼和磨难打击，锻炼出坚韧的性格，让烦恼、忧郁和悲观远离，让幸福、喜悦、光明和笑声相随。

爱上不完美的自己，改变能够改变的，接纳不能改变的。那么，不管人生如何跌宕起伏，我们都能活得自信而宁静。

接纳不完美的自己，生活不易，人人如此。当你遇到问题时，不再想为什么不能成功，而开始想怎样发挥自己的才能时，你的生命就会越来越自由，越来越有力量。

生活总不完美，总有辛酸和无奈，总有失去的疼，总有不得的怨，总有抱憾的恨。虽然这样生活亦很完美，总让我们泪中带笑，悔中顿悟，怨中藏喜，恨中生爱。看生活是否完美，就要看淡那些不完美，放大那些让你心动的每个瞬间。只要你的心是向善的，这个世界就完美。所以我们修炼的，就是一颗热爱这个世界的心。

而当我们懂得了完美的真正含义,也就真正了解了幸福其实和生活一样,没有绝对的一百分,我们要做的,就是敞开胸怀去接纳幸福并不能完全如我们所期望的那样美好,并努力去让幸福的分数更高一点,尽可能地趋向于一百分。

过多期待无助于幸福

在恋爱中,往往最怕的就是对对方的期望值太高,因为与现实的落差太大,而拆散了一对又一对的恋人。世界上有没有完美恋人?准确来说根本没有。期待这完美恋人的人,往往到最后都会单身,为什么?对对方的期望值太高,往往到后来都会因为承受不了现实的落差而以分手告终。

什么是期望值?

在恋爱中,你希望对方是完美无缺的,颜值高、身材好、学历高、智商高、情商高、会赚钱、会疼女友还包揽家务,把你伺候得像小公主一样。这就是典型的高期望。事实上,可能有这样子的人吗?即便有,他会看上你吗,会落到你头上吗?

很多人都明白,现实与理想总是有着一定的落差,理想太美好,现实太残酷。很多人都有期望着的爱情和爱人,自己心里希望他是怎样的,就划定一个标准,以这样的标准去苛求对方,让对方满足自己。但是你划出来的条条框框都是你的理想,并不是他本身,你是要跟他谈恋爱,而不是你的理想。有句很简单的话:"理想很丰满,现实很骨感",大概就是这样的意思。

为什么说期望值越高,幸福感越低?

恋爱之后,因为他跟你想象中的不一样,总是会存在着这样或者那样的缺点是你无法忍受的,所以你会开始处处挑他的刺,你接受不了现实中达不到自己期望的他,他成为不了你理想中的样子,你们之间产生的矛盾就会越来越多。为什么不尝试着去爱上真实的他呢?你越挑剔,就会觉得这段感情越痛苦,不是吗?

想要增加幸福感,增强对爱情的幸福体验,最好的方法就是降低你的期望值,降低你对他的高要求。因为低的期望值,往往会产生一个超出你预期的结果,还会对幸福感产生最积极的影响。

婚姻禁不起折腾,不管是男人还是女人,都需要对方的肯定。要想把他变成一个万能的超人,先要学会夸奖,你的不断夸奖,才是让他提升自己的良药。如果都像军训那样严格地要求对方,即使家庭没有因此解体,曾经的爱也会慢慢地枯死。

在一味期望对方怎样对待自己的时候,也要想一想自己是怎么对待爱人的,婚姻的世界里是相互的,你需要对方的关心和爱护的时候,对方同样也是需要你去关心爱护的,没有任何一个人人是只愿意付出,不希望得到回报的。

别把关注点放在对方的缺点上,多去欣赏对方的优点;在希望他完成一件事情的时候,别期望着能做得尽善尽美,而是降低要求,能完成就好。因为日常的幸福感不是来自完美的过程,而是合理的结局。

两个人在一起,想要让彼此的爱情进展顺利,增加彼此的满意度,就要学着如何去降低自己的期望值,生活不是童话,没有那么浪漫完美。低的期望值能够让你对于结果得到更多的满足感和幸福感,让你们之间的爱情更加纯粹快乐。

第六章　幸福就是和寂寞说再见

守望一份三观一致的爱情

在这个偌大的世界，我们都期待着遇见一份属于自己的爱情。

在一份好的爱情中，你不需要做出太多的改变，你只需要踏踏实实做你自己就好。好的爱情会让人放下所有的防备，感受到前所未有的放松和愉悦。

在好的爱情里，你可以做最真实的自己，活出自己的模样。

有人问：怎样的爱情才算是好的爱情？这个问题就好比问：我应不应该分手？没有办法回答。爱情这个东西如人饮水冷暖自知，答案只有你自己能给。

关于爱情，谁都无法给谁一个绝对的答案。但爱情里不仅要两个人相互吸引，三观一致尤为重要。爱情中的两个人本就来自不同的环境，有着不一样的生活习惯和性格特点，如果两个人三观不一致的话，真的很难一直向前走下去。

李岚是某名牌大学的学生，男朋友杜军高中没有读完就辍学了，两个人是高中同学，那时两个人十分甜蜜恩爱。后来李岚去了大城市读大学，杜军则留在了小县城做生意。

虽然异地恋特别煎熬，但是杜军每天都会给李岚打电话关心她，每隔一两个月就会买礼物去看她。这让李岚十分感动，两个人的感情也一直处于比较稳定的状态。

愿你被这个世界温柔以待

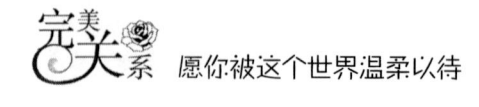

李岚大学毕业,在爱情的魔力下回到了县城工作,和杜军开始了同居生活。刚开始两人还挺甜蜜的,但是好景不长,因为彼此这几年的生活环境大不相同,李岚又是一个特别上进的女人,尽管生活在小县城,她依旧坚持每天读书看报,不断地提升自己。白天上班,晚上学习,这样一来李岚陪伴杜军的时间就少了。

久而久之,杜军觉得自己对李岚而言不重要了。于是两个人的矛盾就来了,杜军对李岚说:"你一个女人那么努力干吗?我可以养你的,你只需要陪着我就好了。"李岚说她想成为更好的自己,杜军却觉得她是在找借口,两颗心渐行渐远。

李岚不是不愿意花时间陪杜军,只是两个人的三观不同,根本无法沟通。有一天,李岚和杜军在马路上看到一个穿着打扮都很讲究的阿姨,她说:"那个阿姨真的好精致,我以后也要活成这个样子。"

杜军却不解风情地说了一句:"年纪都这么大了,还打扮得花枝招展干吗?"从那个时候开始,李岚才意识到自己曾经以为会天长地久的感情是那么的脆弱不堪,不是因为没有感情,而是因为彼此的三观相去甚远。

两个人相爱很容易,相守到老却并不是一件容易的事情。很多时候,我们不是不爱,而是两个三观不一致的人注定没有办法走到最后。

刚开始恋爱的两个人往往是懵懂的、冲动的,以为两情相悦便无所畏惧。当两个人在一起久了,你就会发现,两情相悦很重要,三观一致更重要,三观一致的爱情才能细水长流,白头偕老。

第六章　幸福就是和寂寞说再见

三观一致的两个人才能相处愉快，才能使一段关系长久地保持下去。三观不一致的两个人在一起，最后只会爱得疲惫又辛苦。一方总是需要牺牲自己的观点去迎合另外一方，时间久了，内心一定非常压抑，这样的感情能幸福才怪！人生短短几十年，还是找个三观一致的人来共度一生，这样的感情才会自然而从容。

在一段婚姻中，人们常说门当户对很重要。但我认为，三观一致更重要。

富人和穷人之所以做不了朋友，那是因为在富人眼里穷人总在哭穷，而在穷人眼中富人的每个表现都是炫富。

三观相同，才能让两个人愉快的相处，双方才更加珍惜彼此，懂得体谅对方。三观不合的人走到一起，即便选择慢慢磨合，久而久之，还是会因为鸡毛蒜皮的事情吵架。

余生还很长，一定要和三观一致的人在一起。

执子之手，与子偕老

"执子之手，与子偕老"是一种相对无言的默契，这种爱情不是轰轰烈烈的，也没有惊天动地，但却像流水一样绵延不绝，在众多的人群中，不会迷茫、彷徨，会坦然地面对。因为我们始终相信，在人群中，我们不会散，有一双手会紧紧相牵，一起走过风风雨雨，到达天涯海角。

在当今的社会中，这种牵手相伴到老的爱情婚姻并不常见，

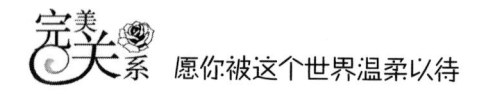

甚至难能可贵。因为随着社会压力增大，啃老、宠溺等现象的日益增多，越来越多的人对爱情婚姻的态度由从一而终转变成了视同儿戏，不肯有一点点的让步和宽容，最终的结果大多是婚姻劳燕分飞、爱情支离破碎。但这根本不是我们想要的呀！

婚姻不是爱情的坟墓，但是婚姻也不代表着有情人终成眷属。相爱的两个人要想相濡以沫、白头偕老，大多要做到以下几点。

1. 双方是无所不谈的朋友

相信在没确定恋爱关系之前，很多人还是会经历停留在朋友阶段的。但是结婚后，我们应该比朋友还更像朋友，这样生活才会更和睦有趣。如果在你们看来夫妻就是为了传宗接代和满足性需求，那你们肯定不会有好的夫妻关系，也就更谈不上白头偕老。

2. 彼此相互了解信任

要想和一个人恋爱、结婚，了解是前提。了解包含对方的家庭、教育程度、父母性格、对方的个性、生活习惯等等。只有充分了解了对方，才会知道对方值不值得信任，在面临重大抉择的时候，才不会犹豫。

3. 遇事彼此容易沟通

只要和人相处，就难免会产生摩擦，夫妻发生摩擦的可能性更大。有摩擦并不可怕，但是夫妻要知道先沟通，找到问题的根源并解决掉，而并非相互指责。如果夫妻间都无法沟通，矛盾就会持续升温，婚姻就有可能遭遇危机。

4. 相互宽容

人都有犯错的时候，由于夫妻间相处更加亲密，错误和缺点也会暴露得更多。夫妻间要有宽容的心，能够理性正确地看待和接受对方身上的缺点和错误,不要吹毛求疵,小的宽容可以帮助双方改正更大的缺点。

5. 相互有付出精神

夫妻之间的结合代表的是一种权利和义务,你所付出的和你得到的并不一定会成正比,总有一方会付出得相对较少。婚姻杀手之一就是斤斤计较,做夫妻,要懂得为对方付出,要有奉献精神。婚姻里没有谁欠谁,所有的行为只是因为爱。

6. 相互支持

现在生活压力的重担不仅仅在男人身上,妻子也要面临家务的琐碎和工作上的烦恼。无论生活还是工作,有困难是无法避免的。但是夫妻间一定要做到相互支持,如果一遇到问题就互相拆台,婚姻又将何去何从?

7. 积极安排共处时间

现如今很多夫妻关系出现危机,是因为大家除了上班时间,下班就是玩手机打游戏。夫妻关系要想稳定,就要有共同语言,而共同语言大多建立在兴趣爱好上。下班后,可以尝试你陪我看一部电影,我陪你看两集电视连续剧;也可以他陪你练瑜伽,你陪他跑跑步,不知不觉中彼此的感情就越来越好了。

如果能做到以上这几点,相信你们不仅在恋爱中能共享甜蜜的果实,也一定能收获美满的婚姻,真正做到"执子之手,与子偕老"。

第七章
婚姻中的契约精神

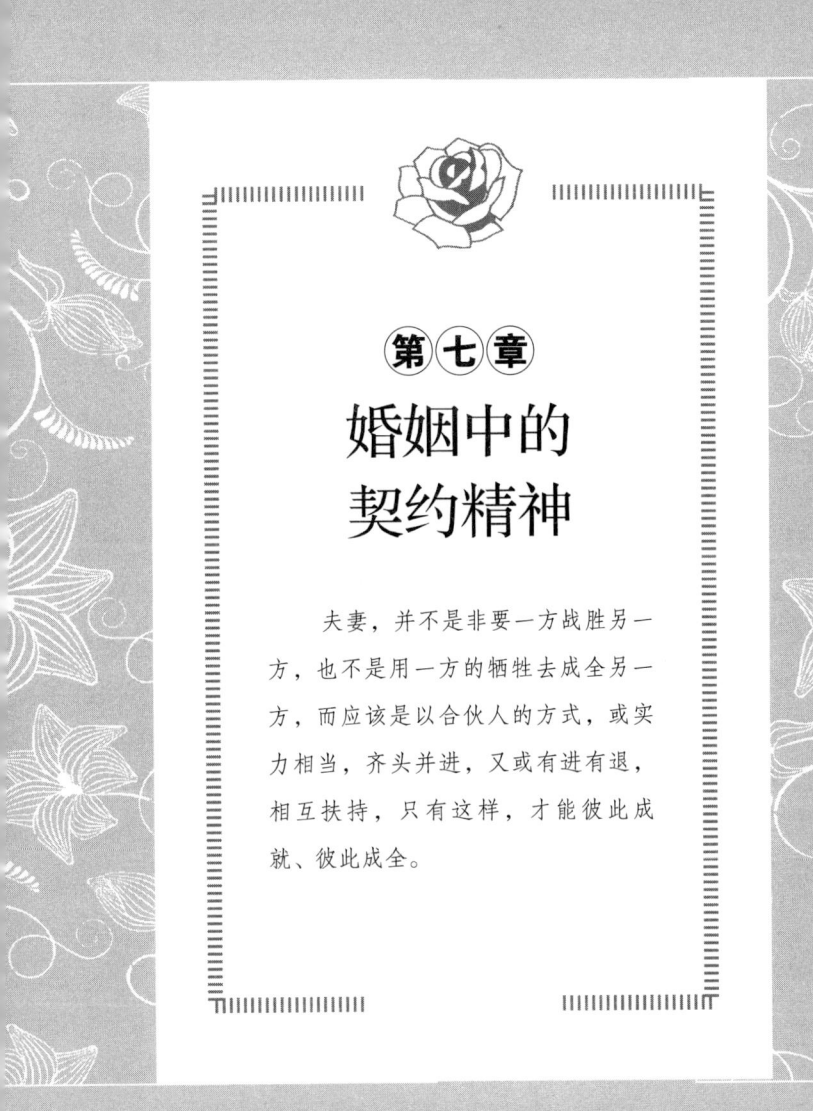

夫妻，并不是非要一方战胜另一方，也不是用一方的牺牲去成全另一方，而应该是以合伙人的方式，或实力相当，齐头并进，又或有进有退，相互扶持，只有这样，才能彼此成就、彼此成全。

第七章　婚姻中的契约精神

谁才是那个靠谱的好男人？

人和人之间，总是以相同点结缘的，相同的年龄，相同的区域，相同的熟人，相同的爱好。若是再近一点，是喜欢同一位作家、热爱同一首歌曲、追过同一个歌星。所以，当我们遇见稍微有一些与自己类似的人，便如遇知己。因你不用再去解释当初看那本书时为何流泪，因对方给你一个暗示便能心知肚明。

经常有很多女生问我，怎么才能够判别这个男人的人品怎样？怎样才能知道他靠不靠谱？因为很多女生不能分清眼前的男人靠不靠谱，所以总是看走眼，最终两人不得不分道扬镳。这不仅耗费了时间和精力，还使自己的人生不得不发生以前最不愿意出现的境地。

曾有一个公司白领，在公司里她是大家眼中的"女神"，然而在找对象这件事上却让人十分惊异。她身材好、颜值高，有稳定的工作收入，是职场中的佼佼者，但在找对象时，却找了一个她身边所有人看过都觉得配不上她的资质平平的男人。

有朋友问她，为什么这么优秀的你，却找了这样一个资质平平的男人。她说，她觉得那些帅气、有钱的男人太不靠谱了，这样的男人适合过日子，心里踏实，有安全感。因为

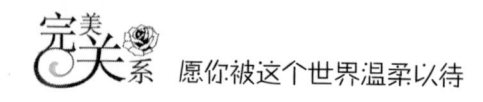

他比不上我，必定会对我加倍珍惜。

然而，当他们结婚之后不到半年，她便开始抱怨自己当初瞎了眼，竟然让这个表面"老实"，背后花心的男人给骗了。原来，这个男人的所有表面上的老实模样都是为了追求她，刻意地装出来的。

其实很多时候，一个男人靠不靠谱，与长相和金钱的多少并不能形成直接的联系，而是在于这个人的人品，要看他平常和他人共处中的那些语言和细节。这些语言和细节就表现在以下几个方面。

1. 有责任感

男人是否有责任感，是女人最看重的品质。负责任的男人，会把女人放在心上，这样的男人会让女人感到心安。负责任的男人，他们把家庭放在第一位，不管有任何事情，他们都会以照顾家庭为己任。

2. 有上进心

男人穷不可怕，最怕的是穷得理直气壮，穷得理所当然。一个有上进心的男人，肯吃苦，愿意为了给对方创造美好的生活而奋斗，绝对是值得托付的靠谱的男人。这样的男人，即使短时间内不能给你特别优质的生活，不要担心，用不了多久，他就一定会为你打造出美好的未来。

3. 对女人忠诚的男人

爱你的男人是不会在外面拈花惹草的，而且没有特别的原因是不会夜不归宿的，任何事情都会对你坦诚相待，对待你的感情十分专一，这样的男人会让女人有更多的安全感。相反，即使一个男人拥有再多的财富，能力再强，却对你不够忠诚，你敢嫁吗？敢用自己的一生去赌一份背叛你的爱情吗？

4. 在乎女人感受的男人

真正的好男人会很在乎女人的感受，在任何事情上都会顾及女人的情绪，爱你的男人会把你的一举一动看在眼里，在你心情低落的时候，愿意陪在你身边开导你，在你高兴的时候，愿意陪在你身边分享你的小喜悦。反之，如果对方根本不在意你想什么，你难过了他不理，你开心的时候他根本看不见，还怎么谈靠谱？

一句"我养你"毁了多少人

在爱情里，谁付出的爱多，谁就是弱势的一方，而女性往往是付出最多的那一方。两人相处，女性会把更多的关注放在男人身上，以为对他无限度的好，就能得到他更多的回报。久而久之，女人们就成了男人的老妈子，硬生生地把自己逼成了黄脸婆，让无趣毁了你的爱情。

电影《喜剧之王》里，周星驰对张柏芝说："我养你啊！"张柏芝愣了几秒，转过脸来讪笑："你先管好你自己吧！"上出租车后，她已泪流满面，泣不成声。

不知道多少女孩被这句话感动——"别工作了，我养你啊！"在物资匮乏的年代，物质的承诺显得那么质朴又动人。但"我养你"的有效期到底能持续多久呢？也许是5年，也许是10年，但绝不可能是一辈子。

完美关系

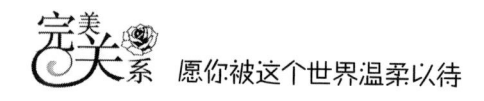

愿你被这个世界温柔以待

你以为自己嫁了个有钱人，从此便可衣食无忧，但其实呢，你只是变成了不被社会主流认可的家庭主妇。全职主妇这个角色，其实比世界上任何一份工作都要难做，家务活儿没你想的那么轻松，带孩子也没你想的那么容易，长此以往，你还会因为脱离社会而感到惶恐不安，会因为不赚钱而被老公轻视甚至抛弃。

微博上有句话是这么说的：一些直男说的我养你，并不是让你"每天去逛街买东西、喝下午茶、健身跳舞做瑜伽"，而是要你"在家做饭、洗衣服、收拾家务、管教孩子"。

作为中国标准家庭主妇的你，你的一天可能是这样度过的。

早上6点起床，一边刷牙洗脸一边叫孩子起床。然后狂奔到厨房做一家人的早餐，煎蛋面包牛奶、面条白粥咸菜，每天换着花样来。早上7点，一家人已经围在餐桌前大快朵颐，你还在厨房收拾油腻的锅碗瓢盆。

你刚把汤盛好，丈夫大吼一声"我来不及了，我先走了"！然后门"砰"一声关得山响。你怅然地坐在桌边吃自己的早餐。

但生活不会给你哪怕一秒钟的时间来宁静和失落，孩子起床后哭着闹着不想去上幼儿园，挥手打翻了还冒着热气的汤。排骨撒了一地，就像你一地鸡毛的生活，你还要慢慢打扫。

好不容易把孩子哄去上学，你又像一个女战士一样，冲进菜市场抢购一天中最新鲜的蔬菜鱼肉。回家以后把菜一丢，人像一摊烂泥一样躺在沙发上。

你以为可以休息一会儿了？

第七章 婚姻中的契约精神

一家人的衣服还塞在洗衣机里等你来洗,地面上已经积了一层薄薄的灰等你来擦,电热水器坏了还得打电话找人来修。准备晚饭?孩子放学后辅导作业?当然都是你的义务。

那个说"我养你"的男人,下班后就变成了一株扎根在沙发的植物,拔出来会死。他嚷着工作太累,养一家人的压力好大。

你对他说我好累,吃完饭可以你来洗碗吗?

他不可置信地瞪大了眼睛,声音提高了八度:"我在外面每天为家打拼,你在家就做做家务还觉得辛苦?"

当了家庭主妇,你还会遇到这种情况。

老公结婚第5年出轨了,爱上公司里的一个年轻漂亮的姑娘。姑娘工作出色,精力充沛有活力,他觉得对方就是自己的知己,很快就陷了进去无法自拔。

心不在了,老公对你的态度就变了。

出轨之后,你会发现他越来越看你不顺眼。因为一直在家几乎从不出门,你也就乐得整日蓬头垢面,随随便便穿件衣服出去买菜,招来别人异样的眼光;因为没有工作,除了家务就是带孩子,这样的生活渐渐让你变成了他眼中没有思想、没有能力的"空心俗妇",整日还要向男人要钱,男人的心里只有厌烦。

你老公心想,当初精心选择的爱人,怎么慢慢变得这样庸俗?

再加上小三年轻漂亮有魅力,比较之下男人迫不及待地提出了离婚。

可怜的你,全职主妇生活让你与社会完全脱节,离婚后

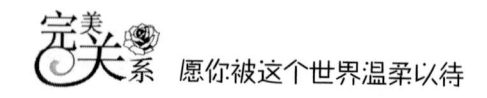

没有工作经验、没有赚钱能力，自然也就得不到孩子的抚养权。因为整日围着锅炉灶台转，让你憔悴不堪、面色晦暗，朋友也越来越少，再婚也变成一件难事。

所以啊，在爱情和婚姻里，千万不要听信男人"我养你"的豪言壮语，有小姐的能力却自甘堕落去做丫头才会干的全职太太，做好你自己，不断提升能力和素养，自己有赚钱的能力才会在婚姻里活得硬气。

不即不离，若即若离

"不即不离，若即若离"，既不亲近也不疏远，是爱情的最高境界。然而，世上有很多人，在爱情到来的时候，根本做不到这样。

心理学家研究发现，假如会场中有10个依次排列的座位，6号位和10号位已经坐上了2个陌生人，这时，再走进会场的第3个陌生人通常会选择8号位，而走进会场的第4个陌生人通常会选择3号或4号位。

可见，陌生人之间在自由选择位子时通常遵循这样的法则，一个人既不会紧挨着另一个陌生人坐下，也不会离得很远。因为，紧挨着陌生人坐下，会让对方感到不安，甚至可能会把身子移向另一边，而这个人自己也会感觉不自在。但是若在离陌生人

第七章 婚姻中的契约精神

较远的位子坐下,就有可能伤害对方,对方可能会认为自己被你嫌弃。因此,人们在潜意识的驱使下,往往会选择既能给人留有一定空间,又不致对人造成伤害的位置。这就是心理学上尊重个人空间的"适当疏远原则"。

每个人都需要一个适当的个人空间,而且这个空间通常是不容侵犯的,但也不是无限大的。一般情况下,亲密友好的人距离相对近一些,但是再近的距离也不是"亲密无间"。个人空间不仅仅是体现在空间距离上,还体现在人的心理距离上,一个人心理上的个人空间更不容侵犯。

同样的道理,爱人之间也应该留有各自的私人空间。德国精神分析学家弗洛姆曾说:"爱是对所爱对象的生命成长的关心。哪里缺少这种关心,就没有爱。"但是,关心不是束缚,如果不顾对方的感受而将关心强加于对方,关心过度就变成了控制,反而会使恋人感到恐惧。

每个人都有属于自己的秘密不愿向别人透露。很多时候,人们保留隐私,只是想给自己留一点完全属于自己的回忆。爱你的爱人,就应该尊重对方的隐私,尊重隐私就意味着对对方人格的尊重。

恋爱时,男人主动想要把自己的初恋向女友坦白,聪明的女友拒绝了。她说:"每个人都会有自己的秘密,我爱的只是你的现在和将来,我对你的过去不感兴趣。因为你的过去不属于我。"

每个人都有过去,不想说出的,是心口的痛。无论是男人还是女人,每个人都需要爱情之外的感情秘密,不要千方百计地去问他最不愿说的事情,不想说自然有他不想说的道理。

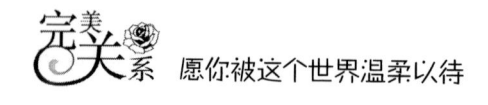

完美关系 愿你被这个世界温柔以待

每个人都有保留、守护自己私密空间的权利，有生活的需要，也有情感的需要。相恋的两个人是两个个体，而非一个共同体。每个个体都应该给对方留一个空间，保证他最不想让人知道的、最柔软、最脆弱的地方不受伤害，这样的爱情才能和平持久。

为了爱情，女人常常勤奋而痴情地吐出情丝，将男人网在自己的世界里，不肯给对方半点自由的空间。但结果往往适得其反。男人是非常渴望自由的，只要给男人以足够的自由和信任，他们就能很容易和女人相处得亲密融洽。

另外，在给对方空间的同时，也别忘了给自己留一片私密的天空。因为，不管刚开始爱情多么真挚，对方都不可能照顾你一生。不要以为找到了真挚的爱就找到了最终的归宿，就应该永远被无微不至地照顾和保护。能得到爱人的支持和帮助，当然是幸福，但是别忘了，爱你的人是会变的，因此，请你务必要保持独立性。

相恋的两个人在一起，应该使两个人生活变得更加快乐，但这并不意味着原来独立的自我消失了。爱情中的双方本来就是两个交叉的圆，交叉的那部分是彼此分享的领域，让彼此可以交流无拘无束，未交叉的部分是给个人提供成长的空间，让自己更独特、更优秀。只有保留自己的个性空间，才能保持长久的吸引力。

人与人之间是需要有距离的，就像刺猬一样，距离太近了，就会刺伤对方。给自己留一片天空，也让对方拥有一片自由的空间，对彼此都好。

没有哪个人不想拥有属于自己的空间，只是因为深爱着对方,就想把自己的全部给了他。其实,这样只会让彼此都活得很累。在婚姻中,聪明的女人会和爱人保持一个最适当的距离,这样既能让对方感到爱意,也会让自己轻松快乐。

爱意味着权利,婚姻意味着责任

婚姻是一种契约,而婚姻是由两个人组建起来的,因此,这契约必须是由两个人一起承担。但事实上,在中国,婚姻的现状是,这种责任几乎由女人独自承担。为此,她们牺牲了自己的快乐,放弃了自己的事业,疏远了自己的朋友,忍辱负重,一心一意地经营着家庭。

婚姻是人类对感情追求的最终肯定,它的命运取决于它是否能给对方带来幸福。婚姻中的女性,以自己伟大而慈悲的心,深深地爱着自己所选择的男人,就是牺牲自己的一切,哪怕是幸福,也要让男人得到幸福,因为所爱的人幸福了,她自己也就幸福了。

但是,这样的女性,在对方的心里并没有任何地位,他甚至在心里轻视着她,这是许多女性所不能想到的,她们天真地以为,给男人的爱越多,男人对自己的爱也就越多。结果,婚姻的联系在两个人中间越来越淡化,直到最后完全地断裂。

往往付出最多的人,在婚姻中承担责任最重的人,反而变得一无所有,得到的是悲伤和疼痛,迷惘和失败。她们在心里呼

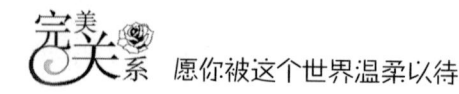

喊：为什么？为什么我这样做还没有拴住他的心？

婚姻的内涵就体现在夫妻之间那深厚而亲密有间的感情上，这种感情表现在夫妻之间在日常生活中那种相濡以沫的互相依靠，快乐同享，痛苦同当，两个身体，一个心灵。

我曾经听到一个来自农村的故事。

一个姑娘和一个小伙儿结婚了，可是婚后婆婆不喜欢她，无论她怎么努力，婆婆就是看她不顺眼。后来，在婆婆的威逼下，丈夫和她离了婚。可这时候，她已经怀孕了。丈夫虽然爱她，却对母亲的无理要求毫无抗争，即使从他家出来那天，女人哭得昏死了过去，他也没做一点儿努力，连挽留一下都不敢。

离婚后，多少男人来向姑娘求婚，她都拒绝了，因为她觉得自己已经是他的人，生是他的人，死是他的鬼。娘家人劝她把孩子打掉，她不同意，坚持要把孩子生下来，一定要把孩子养大，然后交给他。

娘家人见她如此顽固，也不再理她，不让她住在娘家，她就只好流浪着在亲戚、好友家，这里住几天，那里住几天。但是到她临产的时候，没有人愿意收留她了，谁愿意不相干的人在自己家里生孩子呢？村里人很迷信，认为外人在家里生孩子，会给家带来灾难和晦气。

可怜她在一个风雨之夜，生下了一个男孩。母子俩真是命大，都活了下来。幸好村里人看她实在可怜，一个一个地来接济她，让她度过了最艰难的岁月。即使在这个时候，她也没有放下自己的责任。并不是那个男人有什么值得爱的地

第七章 婚姻中的契约精神

方，而是在她心里，这就是婚姻。

孩子3岁的时候，男人还没有结婚，因为他的柔弱和寡情，没有女人愿意跟他过日子。婆婆急切地想抱孙子，这时想起了原来的儿媳妇和那个3岁的孙子，就让儿子去把媳妇和孙子接回来。

女人等待的就是这一天，她回到了原来的夫家，丈夫本来就爱着她的，而且一直在爱着她。可是这么多年，明知她的艰难，丈夫却从来没有伸出援手，哪怕问候一句都没有。别人都说这个男人有福，白白得到一个儿子，对这个儿子自己没有承担一点抚养的责任，没有一点的操劳，一个3岁大的儿子就到家了。

两人复婚后，日子过得很是和睦。

婚姻中的许多女人，正是青壮年时期，但她们看上去却显得异常的疲惫和憔悴，看不到这个年龄段女性应有的活力。结婚后的女人，往往会扮演贤内助的角色，自觉地承担起全部的家务和照料孩子的责任，让丈夫有时间有精力在外面为事业奋斗。这种模式好像已经形成了一种传统的思维定式，很少有女性对此进行过抗争，只是习惯性地接受下来，默默地把自己奉献给孩子和家务劳动。

她们天真地认为，丈夫的荣誉就是自己的荣誉，丈夫的成就就是自己的成就。丈夫的，就是我的。这种生活在丈夫光环下的依赖思想，是女人最大的人性弱点。

女人总认为丈夫的事业比自己重要，总是让自己甘当一个扶衬红花的绿叶。由于把所有的营养都让给了红花，在不知不觉

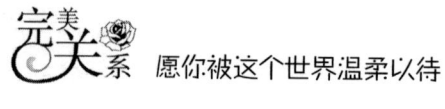

中，绿叶就枯萎了，最终被红花所抛弃。她们不明白一个简单的道理：丈夫拥有的东西并不是你的，只有当你自己拥有一份独立的事业和思想的时候，你才能牢牢地掌握自己的命运。

很多女人在毫无保留、毫无反抗地接受了几千年来遗留下来的封建传统习惯以后，脸在油烟的熏烤下日益变得憔悴起来，灵魂在无穷尽的辛劳中落满了寂寞的风尘，在旷日持久的家务中让自己退化成一个平庸而琐碎的市井妇人，退出了对事业的追求，放弃了对外边精彩世界的关注，而沦为一个遭人厌弃的家庭主妇。在这种无私奉献中，丈夫功成名就了，就在她们以为可以和丈夫一起享受这成熟的果子时，悲剧却发生了。同享这果子的，不是她，而是别的女人。

婚姻中还有不少的女人，在家庭中饱尝暴力的痛苦煎熬。为了不让孩子过单亲家庭生活，为了不让孩子那幼小的心灵留下阴影，她们忍气吞声地一再做出让步，一心想挽救家庭，挽救婚姻。她们除了干不完的家务、操不完的心和吵不完的架以外，得到的只有：痛苦多于欢乐，烦恼多于幸福。

婚姻最重要的内容是夫妻之间承担起各自对家庭的责任。婚姻的契约既然是两个人签的，而且这契约还必须以生命和荣誉去实践，这责任就不应该由哪一个人来承担。你承担一切，就是让对方放弃应该承担的责任，一个在婚姻中没有责任的人，他还需要这份婚姻吗？一个没有为婚姻辛苦付出过的人，会珍惜这份婚姻吗？

爱是一种心灵的需要，爱是一种真诚的情感，爱，更是一份责任。只有爱而没有责任，这爱就是虚假的，是夜间的露水，总会蒸发掉的。

第七章　婚姻中的契约精神

婚姻不是"非对即错"

婚姻没有绝对的匹配，你要考虑的是，怎么做才可以让你们的感情浓度更深。婚姻里面，没有谁对谁错，谁强谁弱，有的只是，一起牵手走过，互相扶持前行。

经常有人问，在夫妻相处当中，是非对错难道真的不重要吗？事实上，当你坚持去争辩是非对错的时候，你们的关系已经被撕裂了，已经对爱构成伤害了。即便你是对的，当你固执地坚持你是对的，去反驳训斥他，他的自尊心受伤，你们的情感撕裂，爱情受伤，心和心割裂，这就是最大的错误，因为你的做法让这个家庭爱不在，和谐不在，甜蜜不在，幸福不在。

婚姻就是一场修行，鸡毛蒜皮、柴米油盐，让来自两个的星球的人，磕磕碰碰地、亲密地生活在一个屋檐下，绝对是个技术活儿。

国际知名情感专家萨提亚女士研究过到底有多少种刷碗的方法？一共有247种。所有这些方法都能够让盘子变得干净。挤牙膏从底部挤还是从中间挤；马桶盖子是盖起来还是翻上去；拖把是倒着放还是正着放；放盐是用勺子一勺一勺地放，还是弄个瓶子或者袋子直接撒……这些看起来不起眼的细节，往往悄然成为打败现如今诸多爱情婚姻的罪魁祸首。

愿你被这个世界温柔以待

闺密小琴和老公吵架了,一气之下就"离家出走",到了闺密家。闺密还没开口,她就开始气呼呼地抱怨:"这日子简直没法过了!我老公简直就是一块又臭又硬的石头,明明他错了,还死不承认自以为是。我和这个顽固派过不下去了,他从来不认错,还说我的想法荒唐。"

接着,小琴历数了老公的种种"劣迹",以证明他是个大错特错的人。小琴还说:"当然,最大错特错的,是我嫁给了这种人!"

在教育孩子方面,小琴一向非常严格,也非常用心,不仅买了很多育儿书,还经常听专家讲课。而她的老公呢,对孩子不闻不问,有时小琴刚给孩子布置了学习任务,她老公就招呼孩子下楼去玩。小琴顿时就气不打一处来,老公却振振有词:"孩子要放养,你这样做会扼杀孩子天性的。"在教子方面,两个人存在着"不可调和的矛盾",小琴对老公的"谬论"又气又恨。

在对待老人方面,两个人也有很大的分歧。小琴的婆婆一个人在乡下住,老公总要把她接到城里,可老人家实在不愿意在城里憋着。小琴的观点是,百孝顺为先,既然老人喜欢在老家,就遂了她的愿,平时多回去看看就行了。小琴说得头头是道,听上去很有道理。可是小琴老公坚决不同意,他说老人年纪大了,一个人守着乡下老屋,日子过得太冷清。而且母亲血压高,农村的医疗条件差,看个病都不方便。两个人为这事一直争执不下,闹了好几次别扭。

这些分歧还都不算什么,在大事上,他们的观点也不一样。马上就要买房了,小琴的意思是买面积小点的,够住就行，还贷压力小，生活轻松。可是她老公就想换大房子，说小房子根本就是鸽子笼，住着憋屈，他们正年轻，贷款买房虽然有压力，但压力也是动力，可以激励他们更加努力。闹到最后，小琴说："咱俩三观不一样，不知道当初怎么就阴差阳错找了你！"

闺密笑了笑，说，其实，所有的夫妻都遇到过类似的分歧，你说糖是甜的，他说醋是酸的。两个人谁错了？谁都没错。在婚姻生活中，不要讲对错，没有必要针尖对麦芒，非得争出个谁是谁非。两个人都是出于对家庭的责任感，都希望生活更好，两个人的观点都是对的，只是角度不同而已。

婚姻生活中，重要的是沟通，不是讲对错，通过沟通，找到一种更合理的处理问题的方式。如果遇到问题就剑拔弩张，不仅解决不了问题，还会激化矛盾，影响感情。婚姻生活中，别论谁对谁错，尝试相互理解和宽容，找到解决问题的最佳途径。

小琴听完闺密的话，若有所悟地点点头说："我这就给老公打个电话，让他来接我！"

聪明的女人，都不会打破这种争论对错的僵局，而是先调整好自己的状态。如果你还没有做好这些事，就立刻去撞"这堵墙"，他看到的还是原先的你，对于未来预期的坏结果又会进一步加深。

在婚姻课堂里，没有定好的规矩，没有固定的提纲，这是需要两个人共同完成的修行，轮修、齐修、共修，在这声色犬马、烟火缭绕的喧嚣红尘中，守住一份静心的生活。

性格不同，如何地久天长

现代人的爱情十分脆弱，恋人、伴侣动辄以"性格不合"而分手、离婚。

很多人总以为，世界上总有一个非常适合自己的人，然而，这个世界上，真的有最适合的人吗？如果有，到底怎样的组合才是"合"，怎样的组合才是"不合"？其实，幸福的夫妻并非天造地设，而是在相处过程中互相磨合，慢慢寻找对方身上合适的地方。

世上绝大多数的婚姻其实都是性格不合的婚姻。谁也不愿意和一个并不合适的人结婚，但是当你擦亮眼睛、提着灯笼，小心翼翼去寻找合适的人，却是大错特错的，因为这个世界上根本没有相互绝对合适的一对。

为什么呢？首先，就像没有完全相同的两片叶子一样，这个世界上没有两个人是完全相同的，每个人从不同的原生家庭而来，受到不同后天环境的影响，形成了不同的性格和兴趣爱好；其次，即使两人性格与兴趣爱好完全相同，对事情的反应相同，两个人也未必合适。比如，夫妻俩都喜欢唱歌，但是天天腻在一起唱歌，不会生厌吗？此时，其中一方可能会寻找其他的消遣方式，但是另一方却不同意，此时不也是一种"不合"吗？

所谓夫妻性格不合，实质上是一方没有足够了解另一方。

同样地,所谓性格合得来,情投意合,就是夫妻彼此间都能够获得足够的了解和情感的满足。这种互相满足包括物质上和精神上的,通过努力和协调是可以达到的。因此,当你感觉夫妻性格不合的时候,不妨先思考一下,你和他对待婚姻的态度有什么不同?你们的关系中面临怎样的问题?是否可以通过努力实现家庭中相濡以沫、摆脱困境?

婚姻中那些常见的"不合"主要来自:

1. 生活习惯的差异

两个人的生长环境、成长经历不同,造成生活习惯上的差异。谈恋爱的时候,每个人只要打理好自己的生活就可以了,但真正组成了婚姻,不仅需要照顾好自己,还需要适当地照顾好对方。

在这个过程中,女人往往无法容忍男人乱丢衣服、袜子等行为,厌恶他总是把家里弄得乱七八糟,甚至还反感他挤牙膏的方式;除此之外,如果夫妻俩一个喜欢吃辣,一个不能吃辣,口味的不同也容易引发矛盾。

这些对婚姻关系造成困扰的,通常只是鸡毛蒜皮的小事情,是生活习惯等琐事。如果能够去顾及彼此的感受,适当尊重对方的习惯,在相互磨合中能够逐渐形成属于两个人的、稳固的相处模式;如果处理不好,这些琐事积累到一定程度,就会爆发婚姻危机。

2. 财务问题的矛盾

财务应该如何分配?在现代的家庭结构中,夫妻双方一般都有自己的职业,有着各自稳定的经济收入。在部分家庭中,女性的收入还远远高于男性。那么,如何分配家庭中的经济收入,达

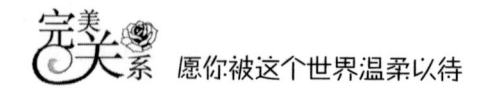

成一致的共识，这是一个非常重要的问题。

俗话说，谈钱就伤感情。但是，如果一开始不处理好，由金钱问题产生的矛盾就更难以应对。毕竟，在日常生活中无法离开金钱，做到令双方满意，就需要协商和制定规则。

3. 夫妻性生活是否和谐

这是家庭中的核心问题，许多以性格不合为由而分手的夫妻，往往是因为夫妻性生活的不和谐。在一些人看来，由于性生活不和谐而寻找帮助，是一件耻辱的、难以启齿的事情，他们不愿意寻找帮助，又不积极做出改善，往往会让夫妻中的一方越来越压抑，最终因为愤怒而选择背叛或离开。只有性和爱的完美结合，才能提升彼此对婚姻的满意度和幸福度。

4. 家庭关系矛盾

结婚不仅是两个人的结合，更是两个家庭的结合。夫妻双方带着各自的家庭背景结合，婚后不但要面对对方负责，同时还要面对和处理跟对方家庭的关系。当生活中产生矛盾，一定要学会换位思考，站在对方的立场上去思考。希望对方怎样对待自己的家人，自己就需要怎样去对待对方的家人。

5. 不善于表达情感和需求

有些夫妻有情感需求的时候，往往不知道如何正确地表达，也不懂得如何去回馈对方。

比如，妻子希望丈夫能够送她一份情人节礼物，直接对他说："这么多年，你真是抠门，从来没有送过我一件礼物！"男人听了心里不舒服，虽然承认这个事实，但也不会用心去做温馨的举动了；如果妻子换一种方式去表达，学会适当地向对方表达自己的爱意，就会有不一样的结果。

6. 婚姻中的不平衡

许多婚姻存在不平衡的地方，比如一方的控制欲太强，一方太依赖；或者一方付出太多，另一方根本不付出，就造成了婚姻的不平衡，久而久之，一方就会被压得喘不过气来。

面对这些婚姻生活中可能会出现的矛盾，逃避并非良策。在夫妻相处的过程中，改变伴侣不如改变自己，先努力提升自我，站在对方的角度上想问题，接纳对方；不仅看到自己的感受，也照顾、在乎伴侣的感受；彼此尊重、欣赏和信任，少一些计较、多一些宽容。

当彼此懂得如何相处，这些差异带来的不再是"不合"，而是互补。

最好的爱情是共同成长

爱情的投资回报率常等于零，但学来的东西却可能是终身掌握的技能。

在爱中学会"做对的事"，未必公平，而用"势利眼"来看两性间的爱情，并不能得到真正有价值的东西，只会得到一种冷酷的偏见。

心理学上认为，婚姻是人际模型的混合物。在婚姻关系中，有很多关系，比如基因关系、亲缘关系、互惠关系。为什么两个陌生的人能够慢慢走到一起？这里面存在一些交换关系。你对我

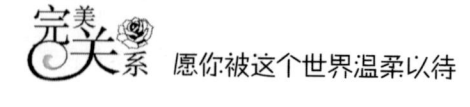

好,我对你好,但由于没有血缘关系,首先就要建立起一种互惠的利他关系,该关系的核心还是合作。只有合作,才能让共同的家壮大,才能养育共同的子女。

婚姻的基础也是合约基础,领取结婚证,无异于两个人签订了一份契约。这份契约是一份婚姻证书,既是法律上的条约,也是心理上的契约。也就是说,两个人要用这个契约来共同遵守一个规范,该规范就是:我们将共同为家庭而做些什么?以该规范为前提,两人才能最终幸福地生活在一起。

婚姻关系并不只是合约关系,还要往上延伸。当两个人有了子女后,就有了一个共同的基因。虽然夫妻双方没有基因关系,但是孩子却能够通过共同基因将两个人牢牢地拴在一起。

两个人在一起生活久了,就更像亲人了,如此夫妻双方又多了一些亲缘关系的模型。由此可见,婚姻并不是简单的一个合约,还有情感上和基因上的因素,要为孩子多考虑,这就是婚姻关系。

因为婚姻关系是由多层次关系组成的,所以在处理婚姻关系的时候,如果不打算放弃这段婚姻,一般很少会选择去打官司。否则,只能是赢了官司,输了感情。同样,也不能完全只讲情感,而不顾情感背后的共同心理和法律契约。所以在婚姻这件事情里,必须从多个层次来考虑。

婚姻从来是平衡利弊,那些要离婚的男女一定不是因为对方出轨,而是对方无法再为自己带来好处。

有个姑娘嫁给了千万富翁,富翁一月给她5万元生活费,她就负责在家带孩子,孩子平时是保姆带的。姑娘的生活很

第七章　婚姻中的契约精神

惬意，她唯一的嗜好就是去美容院、健身房，以及跟一批有钱的太太混在一起，看看能否给自己老公拉点儿生意。

两人结婚前5年还是不错的，后来她老公生意不好了，逼着她出去上班，她严重与社会脱轨，哪是上班的材料？最后，老公主动提出了离婚。男人本来就生意破产，别墅都变卖了，她还天天骂老公不挣钱。

其实男人也知道，自己生意失败对不起妻子，可是没有办法，做生意就这样，有赚有赔，他也想有女人帮他东山再起啊。

最终这两人协议离婚了，姑娘拿着老公给的几十万分手费做了服装生意，现在她的日子过得也不差。而她老公和她离婚以后，又找了一个有本事的女人，两人互相扶持创业成功了，而且婚姻幸福美满。

这个例子不是很正能量，但是从这里就可以看出，夫妻关系其实是最薄弱的关系。如果两个人在一起不快乐了，倒不如趁早分开，而在婚姻中缺少了互惠互利的基础，不管是金钱还是情感，抑或是其他的什么因素，两个人最终也就会分道扬镳。

在世上，每一个人都会有各自不同的生活方式，究竟什么是对，什么是错，相信是一个难以验证的问题。

金钱和爱情的关系

在日常生活中，太多不幸的婚姻告知我们：财富虽然可以给我们提供舒适的生活，但也很容易变成欲望的温床，让我们的舒适生活变成一种假象。试图把自己的爱情和金钱交织在一起，不仅不能给彼此带来真正的幸福，也会给你的人生带来莫大的遗憾。

在婚姻中，一定要擦亮眼睛，在金钱和爱情之间找到平衡点。一定要明白，金钱不能代替爱情，而爱情也不可能代替金钱！不能被假象蒙蔽了双眼，要成为那种向往纯真美好的爱情的人。

"情不知所起，一往而深"，很多时候，我们并不能解释这一种感觉。看到对方，就忍不住低下头，担心自己今天的妆容和穿搭是否得体，心里一头小鹿开始乱撞。只要和那个人在一起，时钟就好像嘀嘀嗒嗒走得飞快。这大概就是爱情最真实的模样。我不嫌弃你，你也喜欢我。如果我也有尾巴，每次看到你，都会忍不住把尾巴摇起来。

在曾经憧憬爱情的年纪，我们会对未来的恋爱对象提各种各样的要求：颜值好，温柔，体贴。但是当我们遇到爱情的时候，这些标准和条条框框会不自觉地烟消云散。真正的爱情与金钱并无关系。

第七章 婚姻中的契约精神

1. 只有爱，才能最终走到最后

进入大学后，有些同学都找到了另一半。有些是从高中谈起的男朋友，有些是刚认识觉得合适就在一起了，有些是家里着急，安排了相亲。但回头看看，最后他们大部分都没能在一起。只有少数真正相互喜欢、相互欣赏的人，毕业后见了双方家长，工作几年就订了婚。从校园走到家庭，从校服走到婚纱，看似短短几年时间，要坚持走到最后却很不容易。

因为长得好看而在一起，你会看到对方刚起床的模样，没有精心打扮后的光彩照人，甚至还有些邋遢。因为钱而在一起，除了对方有钱之外，他的诸多缺点最终会让你觉得无法忍受。唯有爱情，才能让两人同心协力坚持到最后。因为爱你，他的所有标准才会变成你；因为爱你，他才会喜欢你早起时的素颜，喜欢你做的黑暗料理，包容你每一个狼狈的时刻。

在电影《我的丈夫得了抑郁症》里，宫崎葵扮演的妻子在丈夫生病时选择了不离不弃，她睡觉时会像蜥蜴一样贴在丈夫背上，丈夫抑郁时也能用自己的真心温暖他。

龙应台说："人生像条大河，可能风景清丽，更可能惊涛骇浪。你需要的伴侣，最好是那能够和你并肩站在船头，浅斟低唱两岸风光，同时更能在惊涛骇浪中紧紧握住你的手不放的人。"只有爱，才让人走到最后。

2. 你的真心，千金不换

面包和爱情，你会选择哪个？这是一个经久不衰的命题。面包当然好，但面包是无法和爱情相提并论的。面包常有，真心却很不容易找到。曾听过这样一段话："最单纯的喜欢就是，就算你拒绝了我，我对你也永远没有埋怨，只不过我不会再靠近了。

如果你有求于我，我依然会鞠躬尽瘁。从今往后，我会把喜欢藏起来，不再招摇过市。我会努力过得好，希望你也是。"

小时候我们都接受过这样的教育：钱可以买手表，但买不来时间；钱可以买房子，但买不来家庭。同样，金钱也换不来真正的爱情，钱是无法与一颗真心相提并论的。钱可以通过许多渠道获得，但是男女之间真心相爱，很难得。

找对象的时候，很多家庭都会看重对方的经济实力，唯恐以后自己的女儿过不上好生活。但是，嫁给一个不爱你的人，是更恐怖的事情。而真正的喜欢你，应该是春风十里都不如你。因为互相喜欢，两人才会感到，即使站着不说话也十分美好。这种美好，千金不换。

3. 金钱留不住爱情

许多人都认为，在一起的时候没有钱，有情又不能饮水饱，两个人最终会因为金钱的问题而分开。其实，我们都无法保证每一份爱情能够水到渠成，这次是因为金钱分开，下次可能是因为争吵无法化解，下下次可能是因为一些鸡毛蒜皮的小事引发了世界大战。

如果两人深爱对方，起码这段恋情不会仓促地收尾。我们能做到的就是真诚地过每一天，好好爱对方。但是，如果彼此是因为财富而在一起，最终也会因为财富而分离。

在热播的《北京女子图鉴》里，戚薇饰演的女主陈可去北京打拼，认识了温柔多金的富二代于扬。为了追求陈可，于扬不是送包包，就是买名牌鞋子。为了让自己过上阔太太的生活，陈可使用各种办法逼婚，最后却痛苦得知，对方早已和另外一个富家千金联姻。在婚姻面前，所有甜蜜的日子，所有的财富，都会显得不值一提。

村上春树有一句话："你要记得那些大雨中为你撑伞的人，帮你挡住外来之物的人，黑暗中默默抱紧你的人，逗你笑的人，陪你彻夜聊天的人，坐车来看望你的人，陪你哭过的人，在医院陪你的人，总是以你为重的人，带着你四处游荡的人，说想念你的人。是这些人组成你生命中一点一滴的温暖，是这些温暖使你远离阴霾，是这些温暖使你成为善良的人。"

这大概就是爱情最初的模样，我爱你，与旁人无关，与脸和钱都无关，只与一颗真心有关。

正如一个教练所说的那样，无论你跑得有多快，只要方向错误，最终的结果还是失败。

无论身边的变化有多快，请记住一个基本的道理：生活在赢，不在快。

第八章

爱,是一场灵魂的相遇

一份好的爱情,不是追逐,而是互相吸引;不是纠缠,而是情不自禁;不是游戏,而是彼此珍惜。如果你真正爱上了一个人,一定是一场灵魂的相遇。

第八章 爱，是一场灵魂的相遇

怎样才算成功？

有一位哲人曾在很多场合说过，自己最大的成功，不是写了多少本名著，也不是获得过几次诺贝尔文学奖，而是拥有一个幸福美满的家庭。

很多人以为，成功就是有钱，成功就是朋友资源广，成功就是权力大。其实，真正的成功，是家庭幸福。

过去被很多人挂在嘴边的"成功"，是指这个人在事业上取得了成就，而如今却不是这样的评价标准了。

有这样一对夫妻，丈夫埋怨妻子不理解他，他整天在外面累死累活地挣钱养家，不就是为了他们这个家吗？妻子却冷冷地甩出了一句话——你连自己的家庭都经营不好，还有什么脸干别的事业？丈夫顿时无言以对。

能维系好、经营好一个家庭，让家庭成员得到幸福，并不是每个人都能做得到，这比事业上的成功困难得多，也重要得多，因为它不仅是个人问题，还关系到父母和子女，关系到整个家庭。

过去，除了不可抗拒的原因，家庭关系还比较稳定，虽然物资并不丰富，但与父母、兄弟同在一个屋檐下的情况十分常见，大家和和气气的，关系十分融洽。而现如今，夫妻结婚后与父母基本都是分开住，而人为造成家庭破裂的情况比比皆是，单亲家庭随处可见，不得不把一个人的成功标准降低到维系和经营家庭层面上来。

社会的发展为人们在事业上提供了更多的成功机会，给女性提供了更多的发展空间和平台，女性的社会地位得到提升，家庭的物质条件比之前更宽裕了，但也给人们的婚姻家庭生活制造了许多麻烦，让男人们也必须分散出一部分精力，拿出更多的时间去照顾和维护家庭生活。

维系和经营一个家庭绝非易事，并不比赚多少钱容易。因为赚钱，只需要你一个人的努力即可，你能左右得了，而经营一个家庭却不是你一个人能决定的，需要家庭成员相互配合，一个人说了不算，需要彼此齐心协力、共同努力。

你在家庭中起到了什么作用，你贡献了多少，你如何与家庭成员相处，不是一两句话就能说清楚的，这里面有大学问，需要大智慧。家庭是一篇大文章，不是谁随便就能写好的。

婚姻家庭不是谈恋爱那么简单，是两个人的事。婚后爱情变成了亲情，已经不再是卿卿我我，而要面对锅碗瓢盆。家庭成员之间不仅是血缘关系，大家来自不同的家庭环境，生活习惯、脾气秉性各不相同，摩擦、矛盾不可避免，需要包容、体贴、爱护、理解，还要抵制外面的诱惑，从一而终。

个人有个人的体会，个人有个人的处理方法，不能一概而论，也没有统一标准和模式。即使你成了大款，成了企业家、明星，而家庭破裂了，你也不幸福。

你的事业可能成功了，可生活毫无幸福可言，也是失败的。即使又找到了新的幸福，而你的家人，你的子女，却可能从此生活在痛苦之中。这些都是你的责任，每当看到、想到他们时，你也不会感到幸福，总会留有遗憾。

我们不得不对家庭重视起来，不得不用家庭来衡量一个人，因为家庭是我们每个人的幸福港湾。成年人家庭可以重组，而孩子的幸福却只来源于父母这里，千万不能为了追求自己的幸福而让孩子受到伤害。

人的一生，最大的成功，莫过于经营好自己的婚姻；最大的幸福，莫过于家庭的幸福；最重要的沟通，莫过于夫妻间的沟通；最为重要的理解，是夫妻间的理解；最有价值的宽容，莫过于夫妻间的包容；最有成效的忍让，是夫妻间的忍让；最不容忽视的关心，是夫妻间的关心。

守住这个家，既是夫妻间的责任和义务，也是取得幸福的标志。纵使腰缠万贯，但家庭幸福出现危机，儿恨妻离，你也是生活的失败者。

婚姻中的正能量

"正能量"指的是一种健康乐观、积极向上的生活动力和情感，是向社会传递正面能量的行为。当下，我国的正能量是指所有积极的、健康的、催人奋进的、给人力量的、充满希望的人和事，并给它贴上"正能量"标签。它已经上升成为一个充满象征意义的符号，与我们的情感深深相系，表达着我们内心的渴望，我们的期待。

生活中的我们需要正能量，同样，我们的婚姻也需要正能量，一个充满正能量的婚姻必然是有生机活力的，是健康向上的，夫妻感情势必是良好的。然而，一些人往往忽略了这些，认为对方到手了就跑不了了，今生今世注定就是自己的人了。日子

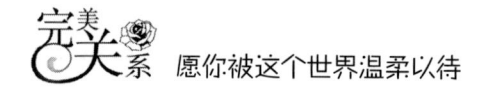

完美关系　愿你被这个世界温柔以待

从电视剧中的各种浪漫与情调，变成了柴米油盐的平淡无奇。他们认为，恋爱需要激情，需要在每个节日制造浪漫，而生活就是生活，浪漫就是矫揉造作。因此，从领取结婚证那一刻起，仿佛变了心，不再牵手，不再浪漫，不再互相表白，每个节日都是凑合，甚至是直接忽略。

　　王萌与陈飞两个人从恋爱到结婚花了整整3年，在恋爱时两个人不管工作有多忙两个人都会约出时间制造两个人的浪漫。然而，结婚之后，为了不让日子过得拮据，于是都在努力的挣钱。在外面应酬多了，踏足的场合多了，陈飞与其他异性的接触也就多了。
　　而王萌，也不是一个纯粹的家庭主妇，从结婚到怀孕，然后儿子出生，一直都在坚持着工作。每天忙完工作，就要开始再忙孩子，哄睡了孩子，才能得到片刻的安静。可能是由于平时太忙碌太累了，她与陈飞的沟通少了，两人的拥抱与温存也少了。

　　遇到一个喜欢的人很容易，但遇到真心爱的牵手一生的人不容易。很多夫妻，都会为了工作而忽略家庭，家庭和工作真的不可兼得吗？其实，只要能够处理好这两者之间的关系，仍然可以兼得。不管工作有多么繁忙，如果两个人总是用一颗正能量的心态面对事情，这种正能量会深深地感动着两个人。
　　婚姻中的正能量，并非都是什么大事，而往往都是些小细节、小事情，但只要做好这些小事，大多都能够幸福。正是有了这些正能量的小细节、小事情才让两个人的感情越来越亲密，即使柴米油盐也会变得浪漫起来。

第八章 爱，是一场灵魂的相遇

1. 留一些时间给对方

感情是需要时间来升温的，请多留一些时间给彼此。

无论两个人工作有多么的繁忙，只要多留一些时间给对方。不需要太刻意，可以从平常生活中的一些小细节体现出来，比如说很平常的一些言语，或者是天气变化的一句关心，这些都可以让对方感到温暖。这种平常的小温暖能让对方觉得你的心里是有他的，能感受到不一样的爱与深情。那么，彼此之间的感情一定不会因为工作发生矛盾。

2. 忠于婚姻牢记于心

对爱情和婚姻没有了忠诚之心，哪儿来的和谐与幸福？一段貌合神离的爱情与婚姻，必然是面和心不和，犹如一潭死水，两人之间只能成为世界上最遥远的距离。

当你偶尔心猿意马的时候，学会忠于爱情婚姻的信念鄙视一下自己，把自己及时地拉回到正常的轨道上来，否则一旦飞蛾扑火，跑偏了轨道，只能糊涂一时，悔恨一生。

3. 多些包容，少些指责

婚姻能够长久，需要彼此相互包容。

婚姻是在不断地磨合中进行的，生活不可能永远处于热恋的激情中，我们总要回归到平平淡淡的生活中来。这个时候我们要学会正视彼此存在的不同，学会站在对方的角度上考虑问题。不要动不动地就对对方抱怨和指责，抱怨和指责解决不了问题，只会激化彼此之间的矛盾。

相互包容，关键在于心中有爱。因为有爱，所以包容；因为有爱，所以宽容；因为有爱，所以理解。

4. 在婚姻中，鼓励对方真的很重要

当另一半决定要做一件事情的时候，不要动不动地就泼冷

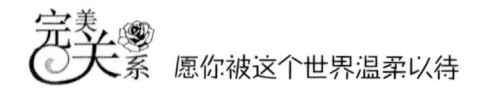

水，或者表现得很冷漠，甚至挖苦对方，好像在你的眼里，他什么事情都做不好一样。这会让他寒心，会让他想很多，当然也会往坏的方面想。

相反，如果在这个时候，你说的是鼓励和支持的话，对方会因为你的鼓励和支持而信心倍增！而这些鼓励和支持，也会被对方看作爱的最好的证明。

5.多说"我想你"，而不是"我爱你"

在男女情爱之中，大家最爱说的三个字往往是"我爱你"，但"我爱你"三个字在初次表白时听了会让人怦然心动，但听得多了，就会觉得敷衍。在这个时候就要说"我想你"，而不是"我爱你"。

"我想你"与"我爱你"虽然只是一字之差，但在人心里的感觉是不一样的。"我想你"说多少遍都不会让人心生厌恶，反而会加深你们之间的感情，让爱你的人，心甘情愿地在忙碌中抽出时间陪你。

每个人都渴望被需求的感觉，"我想你"正表明了对你需求与依赖，所以听到这三个字时会让人有一种无法自拔的感觉，并明白你心中的爱，认真地呵护你。

婚姻不是感情的战场

婚姻不是情感的战场，离婚不是惩罚对方的武器。把离婚当作武器去攻打对方，婚姻中的两个人注定伤痕累累。

第八章 爱，是一场灵魂的相遇

已经决定离婚了，那就没必要再纠结，对这个人和这段婚姻要学会放下。离婚当初，对前任的念念不忘是正常的，即使前任伤透了你。因为放不下对方，这是一种长期习惯的使然。而离婚已成既定事实，你就要接受这个事实，接受离婚了的自己。

结婚与离婚就是一次契约的开始和结束，当离婚成为生命中绕不过去的一个坎儿时，成就自我才是永不停歇的发现之旅的目的。

在陈铭章导演执导的都市情感剧《第二次也很美》中，一毕业就结婚、一结婚就生子的"毕婚族""90后"萌妈安安，在儿子5岁的时候被迫终结全职太太的清闲生活。她没能逃脱"毕婚族"大多失婚的诅咒，成了单身妈妈，被打入人生的谷底。

一场车祸，把还没结过婚的律政界翘楚许朗变成了"80后"单身爸爸，他本想一辈子守住车祸的秘密，带着5岁的女儿过平静的生活，却意外结识了安安母子，曾经波澜不惊的生活变得鸡飞狗跳。

截然不同的两个家庭在误会和和解之间互相治愈，安安实现了成为漫画家的梦想、成为儿子的榜样。许朗建起了属于自己的律师楼，成为女儿心中满分的爸爸。最终，两家人变成了一家人，收获了全新意义上的幸福人生。

他们经历过许多次第一次挫折后，爬起后，成长后，这才猛然发现第二次也很美。

有很多人离婚多年，依然放不下对方给自己的伤害。其实，不管爱你的人来了或者去了，有了或者没有了，永远跑不开的那

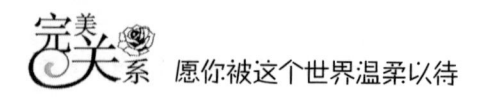

个人，就是你自己。

离婚已是无法转变的定局，恢复从前的生活已经无药可救，不管你怎么追问都已经没有了意义。所有的纠结、无奈与痛苦，只会让自己变得更加脆弱、敏感，对以后的生活失去动力和希望。一切都回不去了，一味地不舍得，只会让自己更痛苦。

婚姻问题归根结底是人的问题，如果人的问题不解决，又怎么能保证下一段婚姻就比上一段婚姻更幸福呢？

生命有限、时间有限、精力有限，过得不好，与子偕老已成泡影，曾经的枕边人已成陌路，这时最好的办法就是换个跑道重新活。在下一段的人生中，总会有一份遇见来得恰好，芬芳着整个苍绿孤旅，总会有所谓伊人在水一方，清扬婉兮。

离婚，不过就是失去一个不爱你的人。在他没有出现之前，我们可以过得好好的；在他消失之后，我们也一样能。在这段经历中，真正的放过的是自己，而不是他。你可以温柔似水、为爱付出，但也必须有横刀立马、斩落毒瘤的勇气。

要知道，那些让你感到痛苦的，终有一天会让你笑着说出来。你甚至会感谢过去那些好的或是不好的经历，因为是那些经历让你变得更睿智、更成熟，也更坚强。到那时，你会感觉自己进入一个无比宽广、光明而美好的世界，活得更通透，也更自由。

爱情，是灵魂的相互吸引

爱得坦然，爱得平等，爱得情不自禁，就会品尝到爱情的甜

第八章 爱，是一场灵魂的相遇

蜜，领悟到爱情所带来的幸福快乐。

一份好的爱情，不是追逐，而是互相吸引；不是纠缠，而是情不自禁；不是游戏，而是彼此珍惜。

真爱是一场灵魂的相遇！如果你真正爱上了一个人，一定是一场灵魂的相遇。因为，如果不是彼此的灵魂肯定了对方，真爱是不可能发生的。

无论你的爱人身在何处，是什么种族，有什么信仰，过着怎样的生活，只要爱发生了，那就是爱了。

爱是神秘高贵的，无论是一见钟情、日久生情，或是天涯海角的两地相思……无论是哪一种爱，只要你把自己的心放进去，所有人性深处的黑暗与伤口都被这真爱之光温暖。记住，爱被什么样的容器装着并不重要，重要的是你把你的真心付出了，你把你最真挚的感情放了进去。

短暂的相恋，抑或举案齐眉白头偕老，对于真爱来说并没有任何区别。在人的一生中，3天与30年的区别又在哪里？最重要的是，真爱激起了你去爱人的能力，唤醒了你生命中被人所爱的价值感，打开了你童年、生命和过往的伤口。

你在爱人的身上，看到了母亲的身影、看到了父亲的身影、看到了自己的身影，乃至看到了你认识的或不认识的人的身影。无论你看见了什么，请相信，真爱，都是为了协助你此生的命运，为了帮助你了解更深层次的自己，为了让你达成更高的生命意义，为了让你记住这世间的美好。

爱是最美的臣服。不要因为任何理由和外在的困难去错过真爱。灵魂伴侣的相遇，是千载难逢的。不要去问任何人，爱是什么，只要问问自己的灵魂，让你的灵魂知道爱是什么，让你的灵魂知道爱什么时候发生。

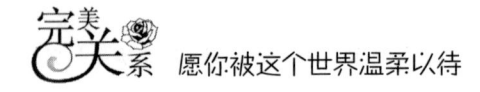

完美关系 愿你被这个世界温柔以待

人的一生，几乎都是为爱而生，为爱而来。灵魂最高的目的，就是体验真爱。在真爱的沐浴中，疗愈累世的创痛。因此，在获得幸福的过程中，我们要勇敢一点，再勇敢一点，去爱一个更高品质的灵魂，去体验一段心灵深处的相遇。

人的将来，就是现在

人的发展历程犹如爬山，总会遇到低谷或高峰。每登上一个高度，都能看到更远更美的风景。

不要留恋眼前的景象，坚定信念努力前行，终有一天会爬上顶峰。

生命之灯因热情而点燃，生命之舟因拼搏而前行。惧怕前面跌宕的山岩，生命就永远只能是死水一潭。人之所以能，是因为相信自己能。

几位清华大学的学生在出租车上聊天，聊到谁谁谁一毕业就买房子了，让大家羡慕不已，都认为这个人是人生的赢家。司机师傅实在是听不下去了，说："我家拆迁也分了几套房子，但我就是一个开车的。你们是国家的未来和希望，如果清华北大毕业后的目标，就是为了在北京买套房子，而不是国家的未来，那咱们的国家就真的没有什么希望了。"

创造力跟梦想、跟你是不是名校生一点儿关系都没有，它

第八章 爱，是一场灵魂的相遇

们只跟年轻有关。相信那些买房子的最终目标不仅是拥有北京户口，他们正在梦想的路上，买房只是其中的一个小阶段。前方的森林广阔无边，不要把一棵树当成一片森林。

虽然不是毕业于名校，但依然可以有人生追求。高尚的人生追求可以让我们摆脱焦虑，一心向着目标前进，就不会那么容易被社会湮没。我们的未来是由这些来决定的！

你的生活重心是什么？这个问题的答案可以决定你的活法。这件事可以是孝敬父母，可以是工作上的业绩，可以是子女的教育，也可以是自己的兴趣爱好。决定在哪方面投入自己，也决定了你会成为什么样的人。

成功不属于将来，而是从决定去做的那一刻开始，经过持续累积而成。一个人的成功不取决于他的智慧，而是取决于他的毅力。要想实现既定的目标，必须耐得住寂寞。

世界上只有想不通的人，没有走不通的路。把工作当享受，就会竭尽全力；把生活当乐趣，就会满怀信心；把读书当成长，就会勤奋努力。人可以不完美，但不能没有追求。

很多人总是习惯性地认为，幸福应该是拥有这世间所有最美好的东西，总感觉幸福离自己很遥远。当有一天，我们耗费生命中所有的精力得到了想要的东西时，却猛然发现，其实这些最美的东西并没有自己想象的那么重要，而自己失去的东西却重要很多。

人活着，就会有落寞；前行，就会有坎坷；动心，就会有情伤。将话说得再漂亮，说不到心上，也是枉然；情意再浓，不懂珍惜，也是徒劳。

记住：有人惦记，再远的路，也很近；有人挂念，再淡的水，也很甜；有人思念，再长的夜，也是短的；有人关怀，再冷的天，也是暖的！

窗外依然有蓝天

相爱的人走到一起，组建家庭，就应该好好珍惜对方，为这份爱情付出自己的所有。

在婚姻的道路上，忘记了初衷，彼此在伤害中渐行渐远，最终只能成为陌路。

婚姻中，伤害感情，相当于往对方身上一刀一刀戳下去，等到体无完肤之时，就是双方反目之刻。

曾在一本书里看过这样一篇文章《哭婆婆笑婆婆》，说的就是乐观和悲观两种心态给人带来的两种结果。

故事大致是这样说的。

有一位上了年纪的老婆婆，整天坐在路口哭，人们都叫她"哭婆婆"。一天，一位得道的禅师路过，问她为什么哭。

老婆婆告诉他：自己有两个女儿，一个嫁给了卖伞的，一个嫁给了卖鞋的。天晴的时候，她就想起了卖伞的女儿，想到她家的伞卖不出去，因此伤心而哭；下雨的时候，她又会想起卖鞋的女儿，想到她家的布鞋肯定不好卖，因此也伤心落泪。所以，无论是晴天还是下雨天，她总是在哭。

禅师听了老婆婆的话，对她说："下雨的时候，要多想想卖伞的女儿生意好；天晴的时候，要想卖鞋的女儿鞋子卖

第八章 爱，是一场灵魂的相遇

得好，这样就不会有伤心的事了。"

听了禅师的一席话，老婆婆幡然悔悟，从此，街头便有了一个总是乐呵呵的笑婆婆。

这个故事告诉我们：任何事情，都有好的一面，也都有不好的一面，以乐观的心态去看待，心中就会充满阳光；以悲观的心态去看待，心里就会布满阴霾。所以，婚姻中的我们，无论遇到什么样的困难，都不能愁眉不展，因为只有乐观才能给我们带来温暖和幸福。

对婚姻抱有乐观的态度，就会对生活充满希望，就会对爱人保持宽容，积极面对生活给予的一切，每一天都可以找到有意义的事情来做，你会感到每一天都生活在幸福之中。这样的人，不会抱怨婚姻，不会因为小事而斤斤计较，不会对爱人发牢骚，也不会对家人产生怨恨，在生活的磨炼下只会越来越坚强和乐观。

对婚姻抱有悲观的态度，生活中稍有不如意的事发生，便会感到焦虑，难以承受；感情上稍有不如意，便会如临世界末日，寻死觅活，哭哭啼啼。这样的人为家庭付出总是常挂嘴边，不会考虑爱人的感受，总觉得爱人不体贴、不能挣钱……总之，一切都糟透了。在生活的拍打下，他们会变得越来越消沉，得过且过，最终会活得很累，并挣扎着走完扭曲的人生。

事实上，怎样过完自己的一生，完全是由自己决定的。一个乐观的人，不管处于什么样的生活状态，都会保持着一张如沐春风的笑脸，内心是丰厚的，都会充满着阳光般的温情。在他（她）心里，根本就不存在"绝望""无奈""痛苦""忧愤"等带有消极情绪的字眼，他们深信"面包会有的""一切都会好起来的""明天将会更好"。

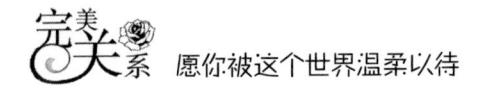

是这样的，只要乐观，任何困难和挫折都无法击垮我们；只要乐观，内心就会充满阳光；只要乐观，我们的婚姻就会越来越幸福。

未来我们说好慢慢爱

有一种情，叫慢慢爱，慢慢谈。那种情，虽然慢，却那么美。

那种情，是一种日久生情，百处不厌，清清浅浅。在那种感情里，感觉是暖暖的，柔和的，有浅浅的淡雅。

幸福的婚姻，就是一切看起来都那么慢一点，但一切都又刚刚好。

有时，爱情不一定要轰轰烈烈，太过浓烈的爱情就像一场烟火，虽然绚丽璀璨却只有一瞬间。细水长流的爱情或许少了些跌宕起伏，却能够回味无穷。

婚姻是一辈子的事情，热情总会被柴米油盐、家庭琐事慢慢消耗殆尽。而柔情的婚姻，会在交往中慢慢地了解对方，我能容忍你的坏习惯，你努力为我而变得更好。在慢的过程中，双方都会互相退一步，给婚姻留下呼吸的空间。

慢一点的爱情，不是不好，就是不要太快。慢的爱情，不会把爱情当作全部，他们可以有事业，有各自的空间。两个人不在一起时，会互相挂念却不时常打扰。两个人在一起时，会互相亲近却不无理取闹。你懂我，我也了解你，生活不一定大富大贵，也不必太在意有过多少的惊喜与浪漫，但每天睁开眼睛虽没有任

第八章　爱，是一场灵魂的相遇

何期待，但却是甜蜜温馨而舒适的。

慢的爱情，就是情感要慢慢培养。没有一开始就完美的婚姻，就像是没有生来就合适的两个人。所谓合适，不过是两个人互相喜欢，愿意为了对方做出妥协和改变。结婚，不只是为了一起面对生活。更希望在漫长的时光中相濡以沫，执手走到白头。而夫妻之间的互相扶持和关心，才能支撑两人度过漫长的岁月。

慢是相知相惜，慢一点相爱，慢一点分离。相遇总是不期而至的，而离别多是蓄谋已久。那些离开你之后马上找到新欢的人，不是他太好，而是他根本就不爱你。随便就可以找到分手的理由，什么不合适、配不上你、父母不同意，都是借口。归根结底，也不过是喜新厌旧罢了。而慢一些的爱情和婚姻，就是不离不弃。无论贫穷或富有，疾病或健康，都愿意陪在对方身边。正如歌里所唱的："我能想到最浪漫的事，就是和你一起慢慢变老。"如果遇到那个能够让你动心，能陪你到老的人。要好好珍惜，不留遗憾。

在慢的爱情与婚姻中，你发现其实你需要的只是一个这样的人：当你累了，他能给你安慰；当你生病了，他能陪在你的床头；当你心里不舒服了，他能耐心地听你发牢骚。有些情，不急也不躁，不温也不火，但渐渐就入了心，成了那个相伴一生的人。

慢的爱情，带来的是心灵的宁静；慢的爱情，来自刚刚好的温度，不过于浓烈，不过于甜腻，很舒服，很享受，慢慢谈情，慢慢爱，慢慢地走过人生路。

最美好的婚姻，大概就是这样了吧。